"一起学办公"

Excel
数据分析与可视化一本通

博蓄诚品　编著

化学工业出版社

·北京·

内 容 简 介

本书通过全彩视频的形式，结合大量应用案例，对数据分析的思路和方法进行了全面的剖析。全书共10章，其中第1~6章为数据分析篇，内容涵盖数据源的创建及规范整理，公式与函数在数据分析中的应用，数据的排序、筛选、分类汇总，多表合并计算，条件格式的应用，数据透视表以及模拟分析工具的应用等；第7~10章为数据可视化篇，内容涵盖常见图表类型的认识及应用环境分析，图表的创建和基本编辑，各类图表元素的添加和编辑，图表的高级应用以及数据可视化看板的创建等。

本书适合有一定Excel基础但不能熟练进行数据分析的人士、非统计和数学专业出身又想掌握数据分析的人士以及从事财务、销售、人事、统计分析等工作的职场人士阅读，也适合用作职业院校或培训机构相关专业的教材及参考书。

图书在版编目（CIP）数据

Excel数据分析与可视化一本通 / 博蓄诚品编著. —
北京：化学工业出版社，2022.9

ISBN 978-7-122-41697-1

Ⅰ. ①E… Ⅱ. ①博… Ⅲ. ①表处理软件 Ⅳ.
① TP391.13

中国版本图书馆 CIP 数据核字（2022）第 107726 号

责任编辑：耍利娜　　　　　　　　　　　　文字编辑：陈　锦　陈小滔
责任校对：刘曦阳　　　　　　　　　　　　装帧设计：水长流文化

出版发行：化学工业出版社（北京市东城区青年湖南街 13 号　邮政编码 100011）
印　　刷：三河市航远印刷有限公司
装　　订：三河市宇新装订厂
710mm×1000mm　1/16　印张 16¾　字数 372 千字　2022 年 10 月北京第 1 版第 1 次印刷

购书咨询：010-64518888　　　　　　　　　　售后服务：010-64518899
网　　址：http://www.cip.com.cn
凡购买本书，如有缺损质量问题，本社销售中心负责调换。

定　　价：89.00 元

首先，感谢您选择并阅读本书！

本书的创作初衷是解决大家在数据分析过程中遇到的一些困惑。数据分析正在改变我们的工作方式，即使是在街边开一间奶茶店，也需要通过数据分析来选址，分析人流、价格、销量等关键因素。熟练掌握数据分析工具的使用方法已经成为了职场人必备的技能。

Excel作为目前主要的数据管理和分析工具之一，不仅能满足人们日常的制表需求，还提供了大量便于操作的数据分析与可视化功能，因此成为了处理与分析数据的首选软件。但是，很多人对Excel的应用仅停留在调整字体、加个边框、删除行列这种基础层面，体会不到Excel真正的便捷与强大之处。"工欲善其事，必先利其器"，为了帮助更多人快速提高Excel数据分析的能力，我们综合多年积累的教学经验，倾力打造了这本《Excel数据分析与可视化一本通》。

本书结构清晰、实例丰富、图表多样、实用性强，能帮助职场人士轻松、快速地学会数据分析，提高自身竞争力。全书分为数据分析篇和数据可视化篇。数据分析篇讲解了数据分析的必备条件，如何建立规范的数据源表，数据的加工和整理，常用数据分析工具的使用技巧，数据透视表和数据模拟分析工具的应用思路以及操作方法，帮助用户打好数据分析基础。数据可视化篇讲解各种常见图表和创意图表的制作，在保证美观的前提下让数据分析的结果得到合理、充分的展示。另外，本书最后还为读者提供了附录，讲解如何完美打印和输出数据结果，构建了数据分析、可视化、输出的完整知识体系。

本书特色

（1）数据分析+图表展示，"双剑合璧"

以实际工作中的案例为主导，先详细介绍Excel数据分析工具的实用技能，帮助读者快速提高数据分析能力。然后通过图表展示，将数据分析结果可视化。"双剑合璧"，帮助读者在做数据分析时"见招拆招"。

（2）知识点+案例拓展，理论与实践相得益彰

先用通俗易懂的语言介绍数据分析工具的应用思路和使用方法，再结合一步一图的完整实操案例，加深学习印象，巩固学习成果，让学习变得更轻松、更高效。

（3）【知识点拨】+【注意事项】，拓展内容，查缺补漏

特别设置的内容板块让全书内容更饱满，【知识点拨】和【注意事项】随处可见，横向拓展知识体系，同时规避常见错误。

（4）学习思维导图，打通数据分析的"任督二脉"

每章最后都包含学习思维导图，详细总结了本章的学习思路以及学习重点，帮助你打通数据分析的"任督二脉"，理顺学习思路，告别盲目学习。

内容概要

章	主讲	重点内容概述
第1章	建立规范的数据源	介绍Excel数据的基本类型、各类数据的录入方法及格式转换、快速录入数据的技巧、数据录入的规范性、数据源的规范整理等
第2章	公式与函数在数据分析中的作用	介绍公式与函数的基础知识、如何快速输入公式与函数、数组公式的计算原理，以及各类常见函数的应用案例，例如逻辑、统计与汇总、查找与引用、日期与时间、文本函数等
第3章	掌握日常数据分析与管理技能	介绍常规数据分析工具的应用，包括排序、筛选、高级筛选、条件格式、分类汇总、合并计算等
第4章	强大的多功能数据分析仪	介绍数据透视表的基础应用，包括创建数据透视表、添加字段、数据透视表基本操作、设置布局方式、设置外观等
第5章	多维度动态分析数据	介绍数据透视表的数据分析方法，包括值字段设置、在数据透视表中排序、筛选数据透视表、切片器和日程表的应用等
第6章	高手都在用的数据分析工具	介绍模拟分析工具的应用，包括单变量求解、单变量模拟运算、双变量模拟运算、方案的创建和编辑、规划求解等
第7章	用图表直观呈现数据分析结果	介绍图表的基础知识，包括图表的常见类型、基础操作、图表元素的简单设置、图表快速布局、迷你图的应用等
第8章	编辑图表元素的不二法门	介绍不同类型图表元素的编辑方法，包括饼图、柱形图系列的编辑，坐标轴、数据标签以及图表背景的编辑等

章	主讲	重点内容概述
第9章	数据在图表中的完美演绎	介绍高级图表制作方法，包括创意饼图、柱形图、雷达图、折线图、时间轴图表、动态图表等
第10章	高大上的数据可视化看板	介绍数据可视化看板的制作方法，包括数据源的整理，数据看板中各类图表的创建、编辑、美化、组合等

适读对象

- 从事数据统计与分析相关工作的人员；
- 有一定Excel基础又想继续提高的读者；
- 财务、市场营销、人事及行政管理人员等；
- 工作效率低，饱受数据分析"折磨"的职场人士；
- 职业院校及培训学校相关专业师生。

本书在编写过程中力求严谨细致，但由于时间与精力有限，疏漏之处在所难免，望广大读者批评指正。

编著者

目录

第2章

公式与函数在数据分析中的应用

第**3**章

掌握日常数据分析与管理技能

第**4**章 强大的多功能数据分析仪

多维度动态分析数据

第6章

高手都在用的数据分析工具

第7章

用图表直观呈现数据分析结果

第8章

编辑图表元素的不二法门

第9章

数据在图表中的完美演绎

第 10 章 高大上的数据可视化看板

附录

数据分析篇

第 1 章

建立规范的
数据源

　　所谓数据源，即录入在工作表中的各种原始数据，它是后续数据分析的基础。如果数据源表建立得不规范，往往会对后续的数据分析造成很大的影响，甚至无法执行数据分析操作。那么，规范的数据源表应该如何建立呢？本章将从数据的类型、数据的录入及编辑技巧、数据源的规范整理等方面展开讲解。

1.1　必懂的3种数据类型

　　Excel中常见的数据类型包括数值型、文本型以及逻辑型三大类，每种数据类型又可以细分为很多形式。下面将对Excel的数据类型进行详细介绍。

1.1.1　数值型数据

　　在Excel中，数值型数据的表现形式最为丰富。整数、小数、分数、负数、百分比数值、货币、日期和时间、科学数字格式等都属于数值型数据。默认情况下，数值型数据自动沿单元格右侧对齐。如图1-1所示。

类型	表现形式
整数	9527
小数	13.14
负数	-126
货币	¥18,050.00
百分比	65%
分数	1/2
日期	2021/5/1
科学数字格式	3.36575E+14

图1-1

　　输入数值型数据时，以下几种类型需要注意输入的方法。

（1）负数的录入

　　在数值前面输入"-"符号或将数值输入在括号中，都可以录入负数。例如，在单元格中输入"-52"或"（52）"按下Enter键后，单元格中显示的都是"-52"。

（2）分数的录入

　　如果直接在单元格中输入"1/2"，按下Enter键后，单元格中将会显示为"1月2日"，这是因为Excel将输入的内容作为日期来处理了。如图1-2所示。

　　输入分数的正确方法是，先输入"0"和一个空格，接着再输入"1/2"，按下Enter键，方可显示"1/2"。如图1-3所示。

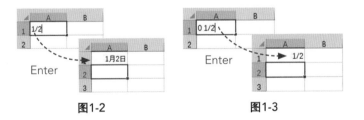

图1-2　　　　　　　　　　图1-3

（3）日期的录入

　　日期属于比较特殊的一类数值型数据，也是十分重要的一种数据类型。日期在Excel中有着非常多的表现形式，但是默认的标准日期格式只包括"短日期"和"长日期"两种。

标准短日期格式	标准长日期格式
2022/3/15	2022年3月15日

图1-4

　　"短日期"要用"/"或"-"符号分隔年、月、日，例如输入"2022/3/15"或"2022-3-15"，都会显示为"2022/3/15"。"长日期"则为"××××年××月××日"的格式，例如"2022年3月15日"。如1-4所示。

　　用户也可以简写日期。当省略年，直接输入月和日时，例如，输入"3/15"，按下Enter键会显示"3月15日"，系统默认该日期为当前年份；当省略日，直接输入年和月时，例如，输入

"2021/12"，确认输入后则会显示为"Dec-21"，系统默认该日期为对应月份的第1日。在编辑栏中可以查看日期的完整形式。如图1-5、图1-6所示。

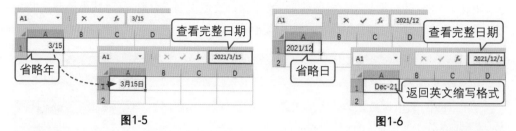

图1-5　　　　　　　　　　　　　　　　　　　图1-6

注意事项 除了"/"和"-"符号以外，如果使用其他符号分隔年、月、日，那么Excel只会认为所输入的数据是普通文本，而不会将其识别为日期。如图1-7所示。

图1-7

（4）科学数字格式

科学数字格式即以科学计数法显示的数字。当在单元格中输入的数字超过11位时，确认输入后会自动以科学数字格式显示。如图1-8所示。

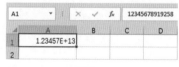

图1-8

知识点拨

科学数字格式以指数表示法显示一个数字，将数字的一部分替换为E+n，其中E（指数）将前面的数字乘以10到n次乘。

1.1.2　文本型数据

文本型数据包括汉字、英文字母、符号、空格等。默认情况下，文本型数据具的特点如图1-9所示。

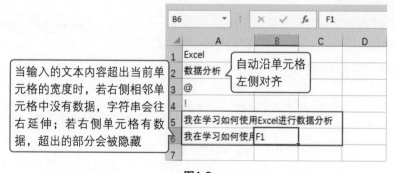

当输入的文本内容超出当前单元格的宽度时，若右侧相邻单元格中没有数据，字符串会往右延伸；若右侧单元格有数据，超出的部分会被隐藏

自动沿单元格左侧对齐

图1-9

有一类比较特殊的文本型数据在这里需要特别说明一下，那就是以文本形式存储的数字。如果要输入的数字不需要进行运算以及大小的比较，只是被用来表示某种特定的事物，则可以将其以文本格式表示。例如各类编号、邮政编码、电话号码、身份证号码、银行账号等。文本型数字最显著的特征是其单元格的左上角会显示一个绿色的小三角。如图1-10所示。

文本型数字	数值型数字
11223	11223
0163577	163577
2289032	2289032
7556	7556

图1-10

注意事项 文本型的数据也可以进行简单的加、减、乘、除运算，但是当在函数公式中引用文本型数据时通常无法得到正确的结果。例如，对指定单元格区域中的文本型数字求和，直接在公式中引用单元格进行相加可以得到正确的结果。如图1-11所示。而使用求和函数SUM进行计算时，则无法得到正确的求和结果。如图1-12所示。

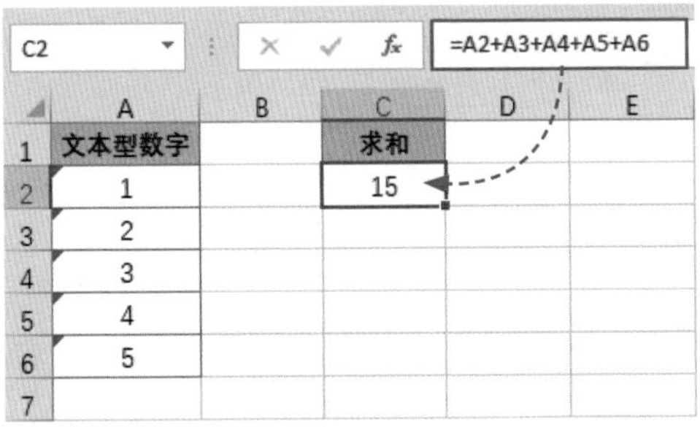

图1-11

图1-12

1.1.3　逻辑型数据

逻辑型数据只有两个值，即TRUE和FALSE，主要用来表示真假，TRUE表示真（是），FALSE表示假（否）。默认情况下，逻辑值在单元格内居中显示。

逻辑值可以是手动输入的，也可以由公式返回。例如，用公式判断"=2>1"和"=2<1"，其返回值即为逻辑值。如图1-13所示。

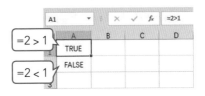

图1-13

逻辑值虽然看起来像文本，但并不是文本。在计算时，TRUE代表数字1，FALSE代表数字0。如果直接用文本和逻辑值分别乘以1，将返回错误值、1或0三种结果。如图1-14所示。

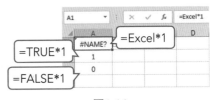

图1-14

1.2 合理设置数据的格式

掌握不同类型数据的录入技巧，不仅是为了提高制表速度，也是为了建立规范的数据源，为后期的数据分析提供基础。

1.2.1 快速统一小数位数

手动录入的小数，有可能位数不统一，参差不齐的排列会影响数据的读取，此时可以快速统一小数位数。如图1-15所示。

▶扫一扫 看视频◀

	A	B	C	D
1	账户	收入	支出	
2	现金	8500	2672.1	
3	微信	700	522.7	
4	支付宝	200	98	
5	银行卡1	5380	3520.95	
6	银行卡2	16040	9700	
7				

小数位数不统一

	A	B	C	D
1	账户	收入	支出	
2	现金	8500.00	2672.10	
3	微信	700.00	522.70	
4	支付宝	200.00	98.00	
5	银行卡1	5380.00	3520.95	
6	银行卡2	16040.00	9700.00	
7				

统一设置为两位小数

图1-15

在Excel中，可以通过设置单元格格式为数字添加统一的小数位数。具体操作方法如下。

选择要设置格式的单元格区域，按Ctrl+1组合键打开"设置单元格格式"对话框，在"数字"选项卡中选择好数据的类型，然后调整好小数位数，单击"确定"按钮，即可为所选单元格区域中的数值设置统一的小数位数，如图1-16所示。

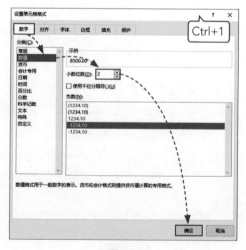

图1-16

📖 **知识点拨**

在"开始"选项卡中的"数字"组内单击"增加小数位数"或"减少小数位数"按钮，可快速增加或减少数值的小数位数，如图1-17所示。

减少小数位数

增加小数位数

图1-17

1.2.2　将数值转换成货币格式

代表金额的数字可以让其以货币格式显示，以便更轻易地识别数据的性质。设置方法很简单，选择数值所在单元格区域后，在"开始"选项卡中的"数字"组内，单击"数字格式"下拉按钮，在展开的列表中选择"货币"选项，如图1-18所示。即可将所选区域中的数字设置成货币格式，如图1-19所示。

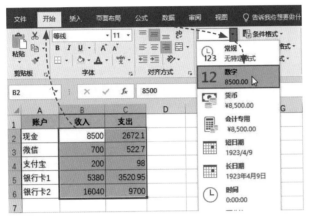

图1-18

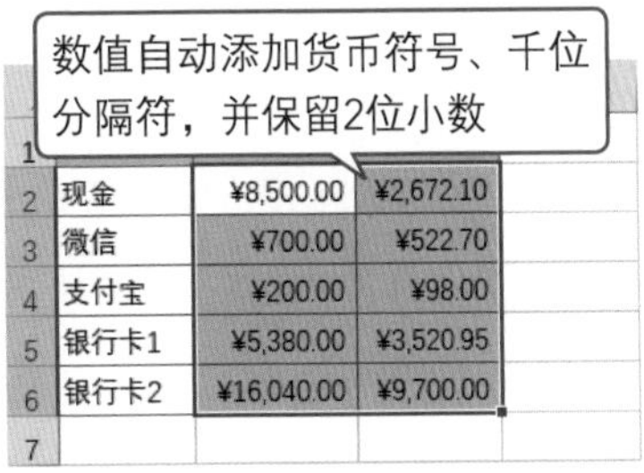

数值自动添加货币符号、千位分隔符，并保留2位小数

图1-19

若要调整小数位数，或使用其他国家的货币符号，可打开"设置单元格格式"对话框进行设置，如图1-20所示。

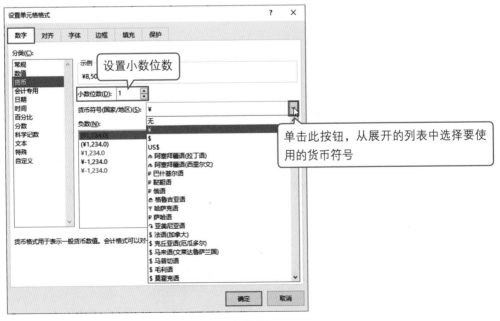

图1-20

1.2.3 启用会计专用格式

会计专用格式和货币格式很相似,它们的区别在于显示的方式不同。货币格式的币种符号是与数值连在一起的,会随着对齐方式的变化一同发生变化,如图1-21所示。而会计专用格式的币种符号靠单元格左侧对齐,数字靠单元格右侧对齐,不受对齐方式的影响,如图1-22所示。

图1-21

图1-22

使用"开始"选项卡中"数字"组内的"数字格式"下拉列表,或在"设置单元格格式"对话框中都可以设置会计专用格式,如图1-23、图1-24所示。

图1-23   图1-24

📖 知识点拨

如果不需要显示货币符号,只想为数值添加千位分隔符,可以在"开始"选项卡中的"数字"组内单击","按钮,如图1-25所示。

图1-25

1.2.4　设置负数的显示方式

前面带 "-" 符号的数字表示负数，例如 "-100"。负数在Excel中有多种表现方式，用户可根据需要设置负数的格式。下面介绍具体操作方法。

选择需要设置格式的单元格区域后，按Ctrl+1组合键打开"设置单元格格式"对话框，在"数字"选项卡的"数值"分类中可以看到"负数"列表框，其中包含了5种负数格式，选择一个需要的格式，单击"确定"按钮，如图1-26所示。所选区域中的负数即可应用所选格式，如图1-27所示。

图1-26　　　　　　　　　　　　　　　　　　　　图1-27

1.2.5　输入百分比数值

百分比数值可直接手动输入，例如输入"15%"，可以先输入"15"然后输入"%"符号。除此之外也可批量将常规数字设置为百分比数值，用户可以使用快捷键进行操作。

选择包含数值的单元格区域，按Ctrl+Shift+%组合键，即可将所选区域中的数值转换成百分比数值，如图1-28所示。

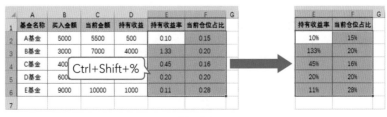

图1-28

若选中空白单元格, 按Ctrl+Shift+%组合键, 随后在这些单元格中输入数字, 所输入的数字会自动添加百分比符号。

1.2.6　转换日期的显示方式

日期在Excel表格中有很多种显示方式, 如图1-29所示。若想改变默认的日期格式, 可以在"设置单元格格式"对话框中进行更改。

A 销售日期	A 销售日期	A 销售日期	A 销售日期	A 销售日期	A 销售日期
2021/12/1	2021年12月1日	2021-12-01	二〇二一年十二月一日	1-Dec-21	21/12/1
2021/12/1	2021年12月1日	2021-12-01	二〇二一年十二月一日	1-Dec-21	21/12/1
2021/12/2	2021年12月2日	2021-12-02	二〇二一年十二月二日	2-Dec-21	21/12/2
2021/12/2	2021年12月2日	2021-12-02	二〇二一年十二月二日	2-Dec-21	21/12/2
2021/12/2	2021年12月2日	2021-12-02	二〇二一年十二月二日	2-Dec-21	21/12/2
2021/12/2	2021年12月2日	2021-12-02	二〇二一年十二月二日	2-Dec-21	21/12/2
2021/12/3	2021年12月3日	2021-12-03	二〇二一年十二月三日	3-Dec-21	21/12/3
2021/12/4	2021年12月4日	2021-12-04	二〇二一年十二月四日	4-Dec-21	21/12/4
2021/12/5	2021年12月5日	2021-12-05	二〇二一年十二月五日	5-Dec-21	21/12/5
2021/12/8	2021年12月8日	2021-12-08	二〇二一年十二月八日	8-Dec-21	21/12/8

图1-29

选择要设置格式的日期所在单元格后, 按Ctrl+1组合键打开"设置单元格格式"对话框, 在"数字"选项卡中选择"日期"分类, 在"类型"列表框中包含了很多内置的日期类型, 选择一个需要的日期类型, 然后单击"确定"按钮即可完成日期格式的设置, 如图1-30所示。

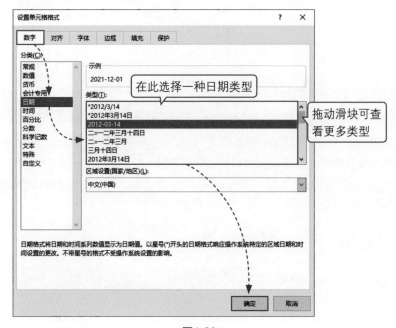

图1-30

日期在Excel中属于比较特殊的一类数值类型,每个日期都可以转换成相应的数字代码。Excel默认使用1900日期系统,在该日期系统下"1900/1/1"可转换为数字"1"、"1900/1/2"可转换为数字"2"、"1900/1/3"可转换为数字"3",依次类推。所以,有时候当我们对日期执行某些操作后,这些日期可能会变成一串数字,其实这些数字就是跟日期对应的数字代码。只要选中这些数字所在单元格,将单元格格式设置成"日期"格式,数字即可重新以日期格式显示,如图1-31所示。

图1-31

1.2.7 让身份证号码完整显示

在工作的过程中经常需要输入位数较多的数字,例如身份证号码、银行账号,以及各类编码等,但是Excel可识别的数字精度是15位,15位之后的数字将会被替换为0,如图1-32所示。

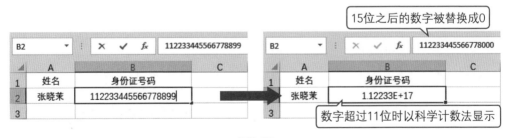

图1-32

在输入这类位数较多的号码时,为了保证数据的完整性,可以将数字以文本形式进行存储。此时便需要将单元格格式设置成"文本",用户可以先选择好单元格区域,然后在"开始"选项卡的"数字"下拉列表中设置,如图1-33所示;也可以在"设置单元格格式"对话框中设置,如图1-34所示。

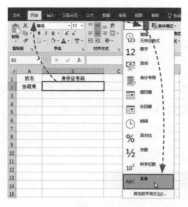

图1-33   图1-34

以文本形式存储的数字不再受位数的限制，所有数字都可以显示，其单元格左上角会显示一个绿色的小三角作为标识。另外，要想输入以0开头的数字，也可通过上述方法实现，如图1-35所示。

图1-35

1.2.8　各种符号的输入方法

　　Excel内置了一个特殊符号库，用于输入键盘上没有的符号。在"插入"选项卡中的"符号"组内，单击"符号"按钮，可打开"符号"对话框，在该对话框中即可插入需要的符号。

　　"符号"对话框中包含的符号非常多，直接查找某个符号需要耗费一定时间，此时用户可单击"子集"下拉按钮，在展开的列表中选择符号的类型，缩小查找范围，如图1-36所示。找到需要使用的符号后，单击该符号，然后单击"插入"按钮，如图1-37所示，即可将该符号插入到单元格中。

图1-36   图1-37

1.2.9 自定义数据格式

内置的数据格式是有限的,当用户想让数据以更直观的方式呈现时,可以自定义数据的格式。

(1)更改内置格式

对于新手用户来说,为了方便操作,可以在内置格式的基础上进行"加工"处理,以获得新的数据格式。例如自定义"2021.12.01"这种类型的日期格式,具体操作方法如下。

选择要设置格式的单元格区域,按Ctrl+1组合键,打开"设置单元格格式"对话框,在"数字"选项卡中选择"日期"分类,先选择一个与目标格式类似的格式,此处选择"2012-03-14"选项,如图1-38所示。

接着切换到"自定义"分类,此时在"类型"文本框中可以查看到所选择的日期类型的格式代码,用户只需要将代码中的"-"更改为".",如图1-39所示,最后单击"确定"按钮即可。

图1-38

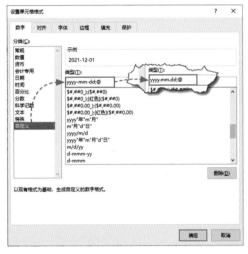

图1-39

完成上述操作后,所选区域中的日期即可应用该自定义格式。不管日期的格式如何变化,其本质永远都不会变,在编辑栏中可以查看到它们的基本形态都是"2021/12/1",如图1-40所示。

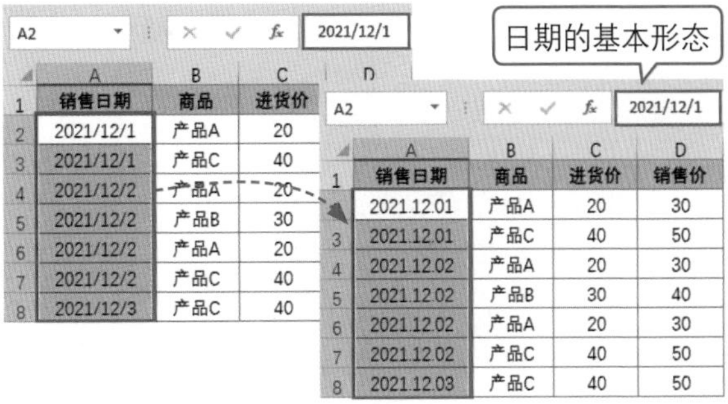

(2)自定义格式

如果对自定义格式代码有一定的了解,可以自由地编写格式代码,让数据以理想的效果展示。

图1-40

13

自定义格式之前需要先了解有哪些常用格式代码，以及这些代码的作用。比较常用的格式代码包括 "0" "#" ";" "?" "!" "[]" 等。常用代码的类型及作用见表1-1。

表1-1

代码	作用
G/通用格式	不设置任何格式，按照数据原始格式显示，等同于内置格式中的 "常规"
0	0为数字占位符。当数字个数比代码位数少时，显示无意义的零值。可以利用代码0让数值显示前导0；当小数位后的数字比代码的位数多时，四舍五入来保留指定位数
#	#为数字占位符。只显示有效数字，不显示无意义的零值
?	?为数字占位符。与 "0" 作用相似，但以空格显示代替无意义的零值，可用于对齐小数点位置，也可以用于具有不同位数的分数
.	该代码的作用是为数字添加小数点
%	该代码的作用是为数字添加百分号
,	, 是千位分隔符。作用是为数字添加千位分隔符
E	E是科学计数符号。作用是将数值转换成科学计数法显示
!	! 是转义字符。强制显示下一个文本字符，可用于显示分号（ ; ）、点号（ . ）、问号（ ? ）等特殊符号
\	\的作用和 "!" 相同，输入后会以符号 "!" 代替其代码格式
*	*是文本占位符。可以重复下一个字符来填充列宽
@	@是文本占位符。等同于Excel内置的 "文本" 格式。如果只使用单个@，作用是引用原始文本，如果使用多个@，则可重复文本
[颜色]	[颜色]为颜色代码。用于显示相应的颜色。[颜色]可以是[黑色]、[蓝色]、[蓝绿色]、[绿色]、[洋红色]、[红色]、[白色]、[黄色]
[颜色n]	[颜色n]用于显示Excel调色板上的颜色，n的数值范围为0～56
[条件]	[条件]用于设置条件，条件通常使用 " > " " < " " = " " > = " " < =" " < > " 等运算符及数值构成

下面举例介绍自定义数据格式的方法。

① 为数字添加单位　选中需要添加单位的数字所在单元格区域，按Ctrl+1组合键，打开 "设置单元格格式" 对话框，在 "数字" 选项卡中选择 "自定义" 分类，此时 "类型" 文本框中显示 "G/通用格式" 内容，将光标定位在该内容的最后，添加 ""元""，最后单击 "确定" 按钮。如图1-41所示。

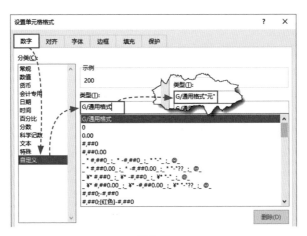

图1-41

为数字添加单位后，数字的本质并不会改变，也不会影响数据的分析和运算。在编辑栏中可查看到，数字后面并没有显示单位。如图1-42所示。

② 号码分段显示 为了方便长号码的阅读，可以将号码分段显示。在编写格式代码时可以用0进行数字占位，号码是几位数就写几个零，然后在需要分段的位置插入空格。

图1-42

例如对电话号码进行分段，可以编写代码为"000 0000 0000"，如图1-43所示。

图1-43

③ 改变数据颜色 下面将根据商品两年的销售数据,设置自定义格式代码,用颜色和图标直观展示业绩增长情况。选中需要自定义格式的单元格区域,按Ctrl+1组合键,打开"设置单元格格式"对话框,在"数字"选项卡中选择"自定义"分类,此时"类型"文本框中显示"G/通用格式"内容,将"G/通用格式"改为"[绿色]"↑"0;[红色]"↓"0;"持平"",最后单击"确定"按钮。效果如图1-44所示。

图1-44

1.3 处理重复性工作的技巧

在Excel中编辑数据有很多技巧,特别是应对大量重复性工作时,学会使用这些技巧可以大大提高数据的编辑速度,下面将对常用的数据编辑技巧进行详细介绍。

1.3.1 复制数据

重复的内容不需要一遍一遍的输入,那样很浪费时间和精力,当需要录入重复内容时可以对数据进行复制粘贴。

(1)快速复制粘贴

选择需要复制的单元格,按Ctrl+C,此时单元格周围会出现滚动的绿色蚂蚁线,说明是有效复制,如图1-45所示。接下来选中需要粘贴内容的单元格区域,如果单元格区域不相邻可按住Ctrl键不放,分多次选择这些区域,最后按Ctrl+V组合键,即可将内容粘贴到所选单元格区域中,如图1-46所示。

图1-45   图1-46

（2）选择粘贴方式

用Ctrl+C和Ctrl+V这两组快捷键执行复制粘贴操作时，默认将数据以及单元格所应用的格式一起进行了复制。但在实际操作过程中往往要面对多种不同的情况，例如复制内容不复制其格式、复制公式的时候只复制其结果值而不复制公式、将内容复制为图片、让复制的内容与源数据保持链接、复制的时候自动实现行列转置等。此时便要选择相应的粘贴方式。

使用Ctrl+C组合键执行复制操作后，选中需要粘贴的单元格区域，然后在所选单元格区域上方右击，此时会弹出右键菜单，在"粘贴选项"组中包含了一些命令按钮，用户可以通过这些按钮选择粘贴方式，如图1-47所示。在该菜单中单击"选择性粘贴"选项右侧的扩展按钮还可查看到更多粘贴方式，如图1-48所示。

图1-47

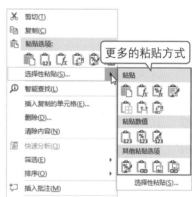

图1-48

1.3.2　自动填充增效百倍

▶扫一扫　看视频◀

在Excel中，不管是重复的数据还是有规律的数据都可以使用自动填充功能进行快速录入，而且执行自动填充的方法有很多种，用户可以根据数据的类型选择使用哪种方法完成自动填充操作。

（1）拖拽填充柄进行填充

选中某个单元格，将光标移动到单元格的右下角，此时光标会变成"**+**"形状，这个黑色的十字形图标即填充柄。如图1-49所示。

数据类型不同，直接拖动填充柄填充的效果也不同。填充数字时直接按住鼠标左键进行拖动执行的是复制填充，如图1-50所示。而填充日期时，直接拖动填充柄执行的则是序列填充，如图1-51所示。

图1-49

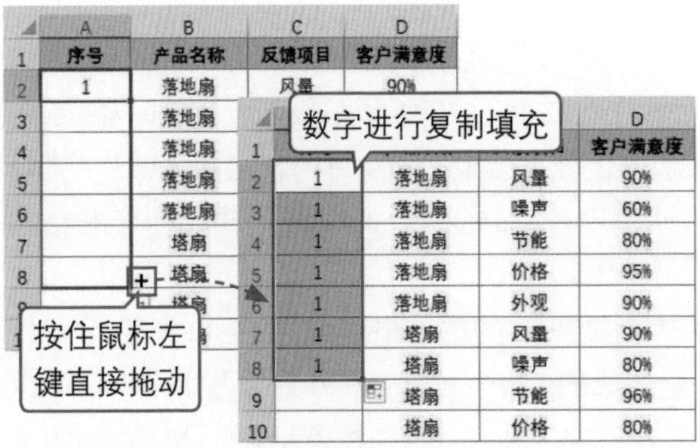

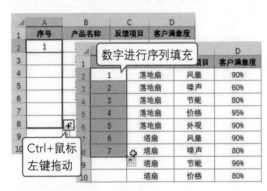

图1-50

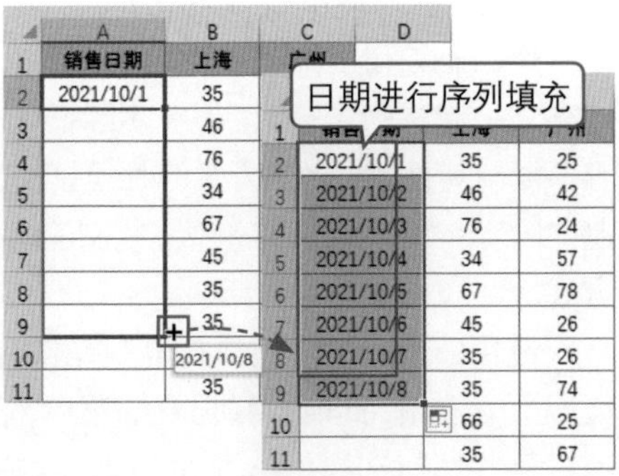

图1-51

拖拽填充柄时也可以配合Ctrl键一起操作。在拖拽填充柄的同时，按住Ctrl键不放，数字将被进行序列填充，如图1-52所示；而日期将进行复制填充，如图1-53所示。其填充效果和不使用Ctrl键时是相反的。

图1-52

图1-53

Excel在进行序列填充时默认使用的步长值是1，若要自定义步长值可以先设定两个固定值，例如填充一个步长为2的数字序列，可以分别在两个单元格中输入1和3，然后选中这两个单元格再拖动填充柄，如图1-54所示。

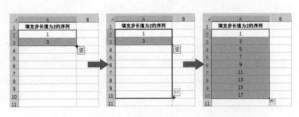

图1-54

📖 **知识点拨**

拖拽填充柄完成填充后，区域的右下角会显示一个"⊞"图标，单击该图标，展开下拉列表，通过该列表中提供的选项可更改当前填充效果。例如选择"填充序列"选项，如图1-55所示。原本被复制填充的数据随即自动更改为序列填充，如图1-56所示。

图1-55 　　　　　　　　　　**图1-56**

（2）在不相邻的区域批量填充数据

当需要在不相邻的多个区域中批量填充相同内容时，可以先定位要输入内容的单元格区域，然后一次性输入内容。例如，在指定区域中的所有空白单元格内输入数字0，下面将介绍具体操作方法。

选中包含数据的单元格区域，按Ctrl+G组合键打开"定位"对话框。在该对话框中单击"定位条件"按钮，如图1-57所示。系统随即弹出"定位条件"对话框，选择"空值"单选按钮，单击"确定"按钮，如图1-58所示。此时，数据区域中的所有空白单元格即可全部被选中。

图1-57 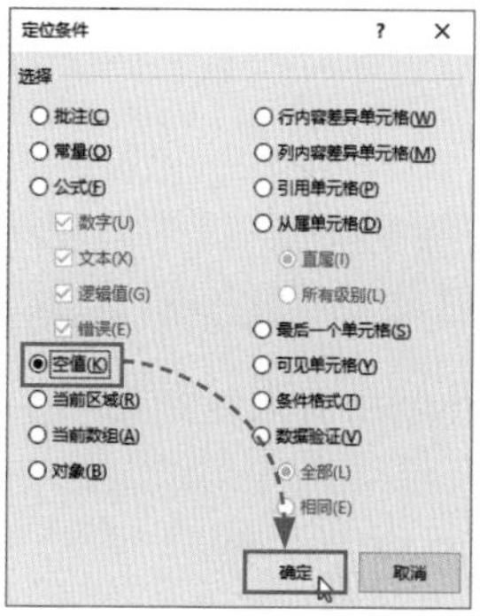　　　　　　　　　　**图1-58**

直接在键盘上输入一个0，然后按Ctrl+Enter组合键，所选空白单元格中随即全部被数字0填充，如图1-59所示。

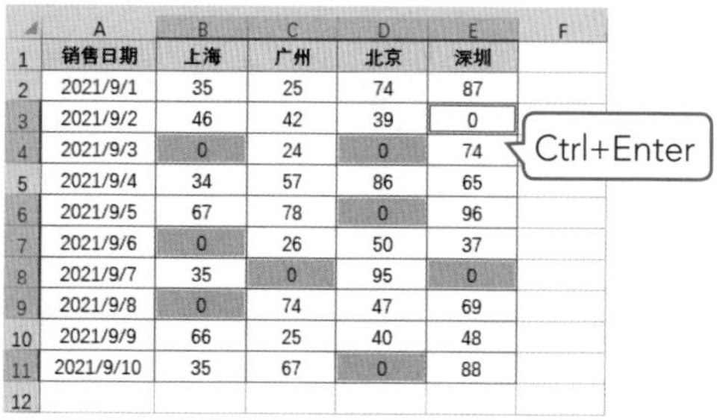

（3）自定义序列填充

为了避免每次使用时都要重复输入的麻烦，一些经常会在工作中使用到的序列，可以将其设置为自定义序列，从而实现一劳永逸的效果。下面将详细介绍自定义序列的方法。

图1-59

单击"文件"按钮,进入文件菜单,接着单击"选项"选项,打开"Excel"选项对话框。切换到"高级"界面,单击"编辑自定义列表"按钮,如图1-60所示。

系统随即弹出"自定义序列"对话框。手动输入自定义的序列,然后将其添加到"自定义序列"列表中,最后单击"确定"关闭对话框。如图1-61所示。

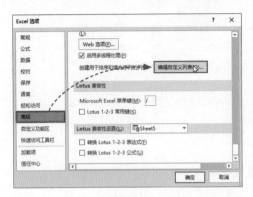

图1-60 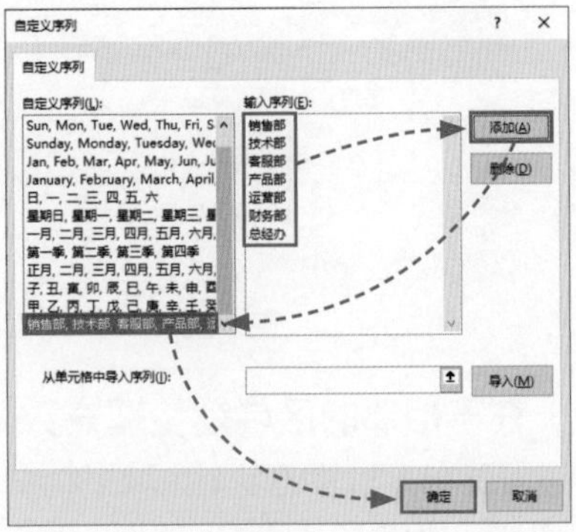　　　　　　　　　　　图1-61

返回到工作表,在单元格中输入自定义序列中的其中一个文本,然后拖动填充柄,即可自动录入这个自定义序列中的其他文本,如图1-62所示。

图1-62

1.3.3　批量完成数据更换

当工作表中有大量数据需要替换为新的数据时可以使用"查找和替换"功能进行操作。

（1）替换指定内容

下面需要将表格中的"苹果"全部替换成"HUAWEI",如图1-63所示。具体操作方法如下。

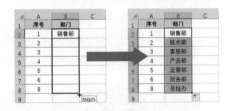

图1-63

选择A1:E16单元格区域，按Ctrl+H组合键，打开"查找和替换"对话框，分别输入要查找的和要替换为的内容，单击"全部替换"按钮，如图1-64所示，即可将所选区域中的"苹果"全部替换为"HUAWEI"。

图1-64

（2）开启单元格匹配进行精确替换

当我们想要替换某些指定内容的时候，不管这些内容是单独存在于一个单元格中的，还是和其他内容一起存放在一个单元格中的，都会被替换。例如想要将采购数量的"1"替换成"2"时，在执行上述替换操作后，单元格中所有的"1"都被换成了"2"，原来的"15"变成了"25"，"10"变成了"20"，如图1-65所示。

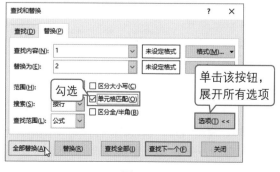

图1-65

那么应该如何避免这种情况，只替换"采购数量"是"1"的单元格呢? 此时便需要开启"单元格匹配"再进行替换。

按Ctrl+H组合键，打开"查找和替换"对话框，单击"选项"按钮，展开对话框中的所有选项，勾选"单元格匹配"复选框，然后输入要查找和要替换为的内容，单击"全部替换"按钮，如图1-66所示。这时候所选区域中只有采购数量为"1"的单元格被替换成了"2"，如图1-67所示。

图1-66

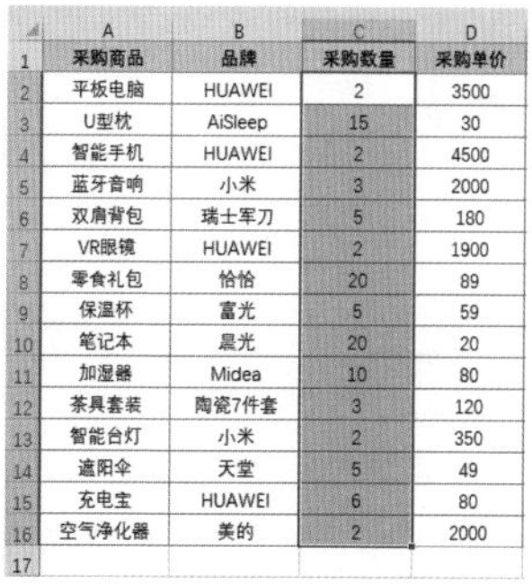

图1-67

（3）按格式查找替换

当需要对一些具有特殊格式的内容进行处理时，可以按格式进行查找替换。例如删除表格中所有红色字体的内容，如图1-68所示。

采购商品	品牌	采购数量	采购单价	总金额
平板电脑	HUAWEI	2	3500	7000
U型枕	AiSleep	15	30	450
智能手机	HUAWEI	2	4500	9000
蓝牙音响	小米	3	2000	6000
双肩背包	瑞士军刀	5	180	900
VR眼镜	HUAWEI	2	1900	3800
零食礼包	恰恰	20	89	1780
保温杯	富光	5	59	295
笔记本	晨光	20	20	400
加湿器	Midea	10	80	800
茶具套装	陶瓷7件套	3	120	360
智能台灯	小米	2	350	700
遮阳伞	天堂	5	49	245
充电宝	HUAWEI	6	80	480
空气净化器	美的	2	2000	4000

采购商品	品牌	采购数量	采购单价	总金额
平板电脑	HUAWEI	2	3500	7000
U型枕	AiSleep	15	30	450
智能手机	HUAWEI	2	4500	9000
双肩背包	瑞士军刀	5	180	900
VR眼镜	HUAWEI	2	1900	3800
零食礼包	恰恰	20	89	1780
保温杯	富光	5	59	295
笔记本	晨光	20	20	400
茶具套装	陶瓷7件套	3	120	360
智能台灯	小米	2	350	700
遮阳伞	天堂	5	49	245
充电宝	HUAWEI	6	80	480

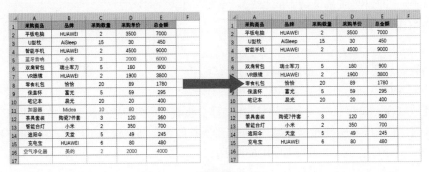

图1-68

按Ctrl+H组合键打开“查找和替换”对话框，先单击“选项”按钮，显示出所有选项，然后单击“查找内容”右侧的“格式”按钮，如图1-69所示。系统随后弹出“查找格式”对话框，在该对话框中设置字体颜色为红色，如图1-70所示。

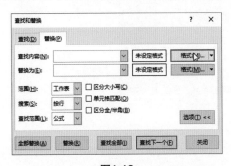

图1-69

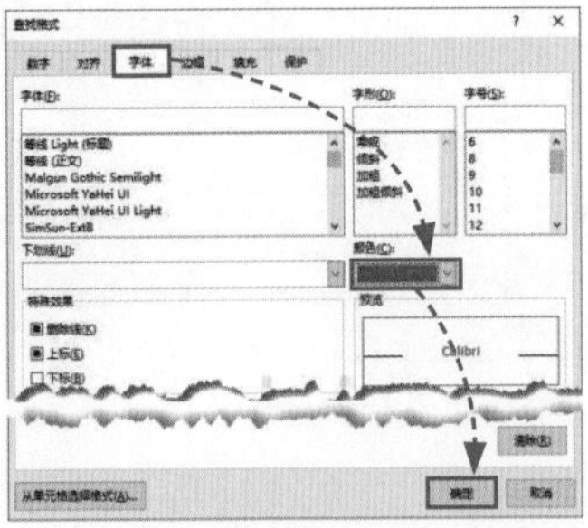

图1-70

要查找的内容格式设置好以后直接单击“全部替换”按钮，如图1-71所示。即可删除表格中所有红色字体的内容。

图1-71

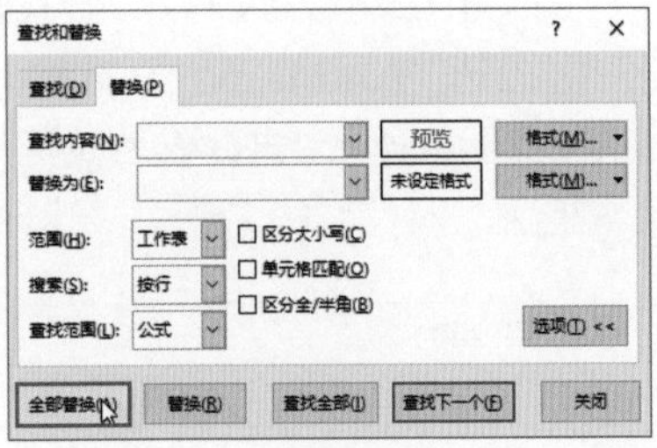

注意事项 若操作要求不是删除红色字体的内容，而是将其更改为其他格式，可以在设置好“查找内容”的格式后继续设置“替换为”的格式，然后执行“全部替换”。

知识点拨

在设置格式时也可直接从表格中选择格式。单击“格式”按钮右侧的小三角，会展开一个列表，选择“从单元格中选择”选项，如图1-72所示。光标变成“✚🖊”形状，移动光标到要使用其格式的单元格上方，单击鼠标即可自动应用该格式。

图1-72

1.4 没有规矩不成方圆——数据验证

为了保证数据录入的准确性,提高原始数据的录入速度,可以为单元格设置条件限制。例如只允许输入固定位数的数据,只允许输入某种类型的数据,限制数值的输入范围,通过下拉列表录入数据,等等。另外还可设置信息提示以及出错警告。

1.4.1 设置允许输入的数值范围

若将要输入的数字在固定的范围内,可以提前为单元格区域设置录入条件,避免输入范围外的数值。例如为考生成绩表中将要录入成绩的单元格区域设置只允许输入范围为0~100的数字。

选择需要录入成绩的单元格区域,打开"数据"选项卡,在"数据工具"组中单击"数据验证"按钮,弹出"数据验证"对话框,在该对话框中设置验证条件为允许输入"小数",数据范围选择"介于",然后设置最小值为"0",最大值为"100",设置完成后单击"确定"按钮,如图1-73所示。

随后,当输入的成绩超出限制的范围时将弹出停止对话框,单击"重试"按钮可重新输入,单击"取消"按钮可取消本次输入,如图1-74所示。

图1-73

图1-74

注意事项 在设置验证条件时，如果将要输入的数字都是整数，可以选择允许的数据类型为"整数"；如果将要输入的数字有整数也有小数则要选择"小数"，如图1-75所示。

图1-75

1.4.2 设置允许输入的文本长度

输入长串的号码时为了保证录入号码的位数准确，可以限制只允许在单元格中输入固定位数的字符。例如，输入电话号码时设置只允许输入11个字符。

选择需要输入电话号码的单元格区域，在"数据"选项卡中的"数据工具"组内单击"数据验证"按钮，打开"数据验证"对话框。设置验证条件为允许"文本长度""等于""11"，如图1-76所示。验证条件设置完成后，将只能在目标单元格内输入11个字符，多输或少输字符都会弹出停止对话框，如图1-77所示。

图1-76

图1-77

1.4.3 使用下拉列表输入数据

▶扫一扫 看视频◀

输入某些具有固定选项的数据时，可以设置下拉列表，直接选择要输入的内容。例如，使用下拉列表输入性别。

选择需要使用下拉列表输入内容的单元格区域，在"数据"选项卡中的"数据工具"组内单击"数据验证"按钮，打开"数据验证"对话框。设置验证条件为允许输入"序列"，在"来源"文本框中输入"男,女"，单击"确定"按钮，如图1-78所示。

此时选中目标单元格，其右侧会出现"▼"按钮，单击该按钮，在展开的下拉列表中即包含了"男"和"女"两个选项，单击某个选项，即可将相应内容输入到单元格中，如图1-79所示。

图1-78　　　　　　　　　　　　图1-79

1.4.4　自定义验证条件

用户也可自定义验证条件，利用公式实现更多数据录入限制。例如，禁止在指定范围内录入重复数据。

选择将要设置禁止录入重复数据的单元格区域，在"数据"选项卡中的"数据工具"组内单击"数据验证"按钮，打开"数据验证"对话框。设置验证条件为允许"自定义"，随后在"公式"文本框中输入公式"=COUNTIF($A$2:A2,A2)=1"，最后单击"确定"按钮，如图1-80所示。

验证条件设置完成后，在目标单元格中输入重复内容时将被强制停止，并弹出提示对话框，如图1-81所示。

图1-80

图1-81

25

1.4.5 自定义出错警告对话框

当在单元格中输入不符合验证条件的内容时，系统默认弹出 "Microsoft Excel" 停止对话框，并提示 "此值与单元格定义的数据验证限制不匹配。" 如果用户希望对话框中显示更直观的提示信息，可以自己设置对话框的类型以及要显示的文本内容。

在 "数据验证" 对话框中设置好验证条件后，切换到 "出错警告" 选项卡，在该选项卡中选择对话框的样式，并输入 "标题" 以及 "错误信息" 文本，即可自定义出错警告对话框，如图1-82所示。

图1-82

📖 **知识点拨**

数据验证内置的出错警告对话框有3种，分别是 "停止" "警告" 以及 "信息"。这3种对话框的功能并不相同。

● "停止" 对话框强行停止当前的操作，只提供 "重试" 和 "取消" 这两种操作选项，如图1-83所示。

● "警告" 对话框并不强制停止当前的操作，而是询问是否继续当前操作，对话框中包含3种可操作的选项，分别为 "是" "否" 和 "取消"，如图1-84所示。

● "信息" 对话框和 "警告" 对话框的作用类似，也可以允许不符合验证条件的内容被录入，该对话框包含了 "确定" 和 "取消" 两种操作选项，如图1-85所示。

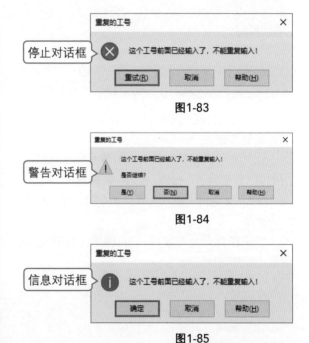

图1-83

图1-84

图1-85

1.4.6 删除数据验证条件

若要删除数据验证，可以选择设置了数据验证的单元格区域，单击 "数据验证" 按钮，打开 "数据验证" 对话框，在 "设置" 选项卡中单击 "全部清除" 按钮，如图1-86所示。

若同一工作表中设置了多种数据验证，要想将这些数据验证全部删除，可以按Ctrl+A全选工作表，然后再单击 "数据验证" 按钮，此时会弹出警告对话框，如图1-87所示，单击 "确定" 按钮。打开 "数据验证" 对话框，直接单击 "确定" 按钮即可清除多种数据验证，如

图1-88所示。

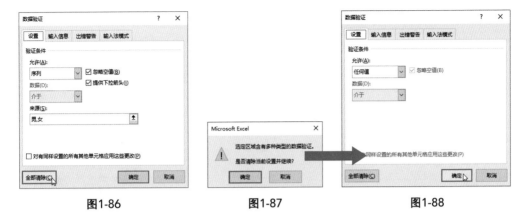

图1-86

图1-87

图1-88

1.5 数据源的规范整理

建立规范的数据源是数据处理与分析的前提。整理数据源时应注意避免使用多个表头、大量使用合并单元格、不合理的合计汇总、信息空缺等问题。

1.5.1 去除多余标题行和表头

Excel默认连续区域的首行为标题行，标题行代表了每列数据的属性，是筛选和排序的依据。表头一般显示在整张表格的最顶部，相当于是当前表格的说明，实际意义不大，如图1-89所示。

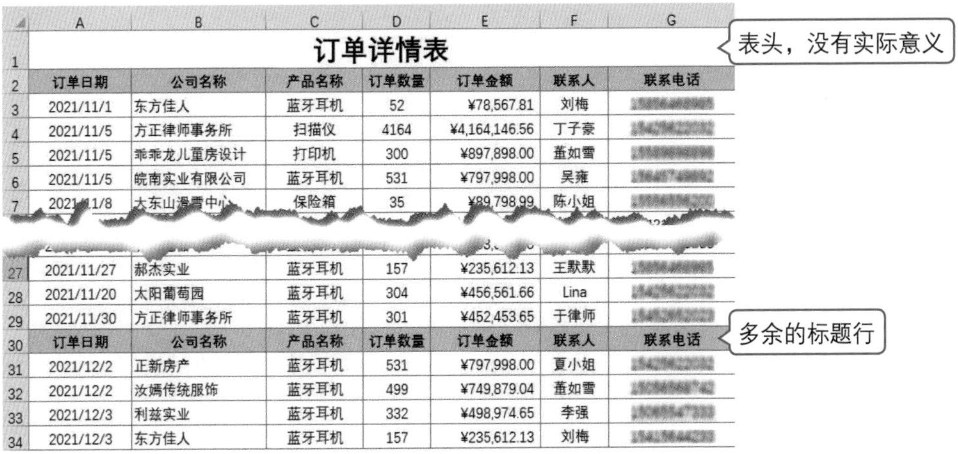

	A	B	C	D	E	F	G
1	订单详情表						
2	订单日期	公司名称	产品名称	订单数量	订单金额	联系人	联系电话
3	2021/11/1	东方佳人	蓝牙耳机	52	¥78,567.81	刘梅	[illegible]
4	2021/11/5	方正律师事务所	扫描仪	4164	¥4,164,146.56	丁子豪	[illegible]
5	2021/11/5	乖乖龙儿童房设计	打印机	300	¥897,898.00	董如雪	[illegible]
6	2021/11/5	皖南实业有限公司	蓝牙耳机	531	¥797,998.00	吴雍	[illegible]
7	2021[illegible]1/8	大东山滑雪中心	保险箱	35	¥89,798.99	陈小姐	[illegible]
27	2021/11/27	郝杰实业	蓝牙耳机	157	¥235,612.13	王默默	[illegible]
28	2021/11/20	太阳葡萄园	蓝牙耳机	304	¥456,561.66	Lina	[illegible]
29	2021/11/30	方正律师事务所	蓝牙耳机	301	¥452,453.65	于律师	[illegible]
30	订单日期	公司名称	产品名称	订单数量	订单金额	联系人	联系电话
31	2021/12/2	正新房产	蓝牙耳机	531	¥797,998.00	夏小姐	[illegible]
32	2021/12/2	汝嫣传统服饰	蓝牙耳机	499	¥749,879.04	董如雪	[illegible]
33	2021/12/3	利兹实业	蓝牙耳机	332	¥498,974.65	李强	[illegible]
34	2021/12/3	东方佳人	蓝牙耳机	157	¥235,612.13	刘梅	[illegible]

图1-89

表头中的内容其实可以放在工作表标签中显示，如图1-90所示。而多余的标题行可以直接删除，如图1-91所示。

图1-90

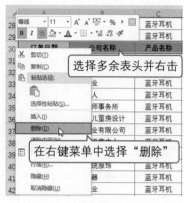

图1-91

1.5.2　合理安排字段的位置

录入数据源时应该按照一定的规律和合理的顺序安排字段的位置。例如，通常会将"数量""单价"与"金额"放在相邻的位置，"产品名称"和"产品型号"或"产品规格"排列在一起。

如果字段的摆放位置不合理，则可以通过"剪切"的方法进行移动。选择需要移动位置的字段（行或列），按Ctrl+X组合键进行剪切，如图1-92所示。随后选择需要移动到的目标位置，这里选择D列，然后右击选中的列，在右键菜单中选择"插入剪切的单元格"选项，即可将字段移动到目标位置，如图1-93所示。

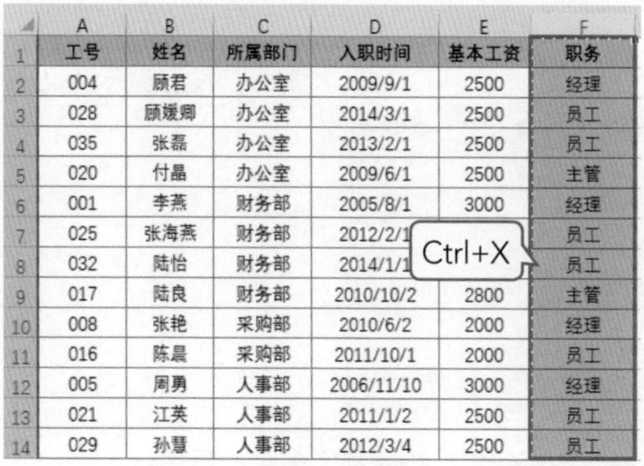

图1-92

图1-93

📖 **知识点拨**

选择整行或整列时需要把光标移动到对应的行号或列标上方，当光标变成黑色箭头形状时单击鼠标即可选中，如图1-94所示。

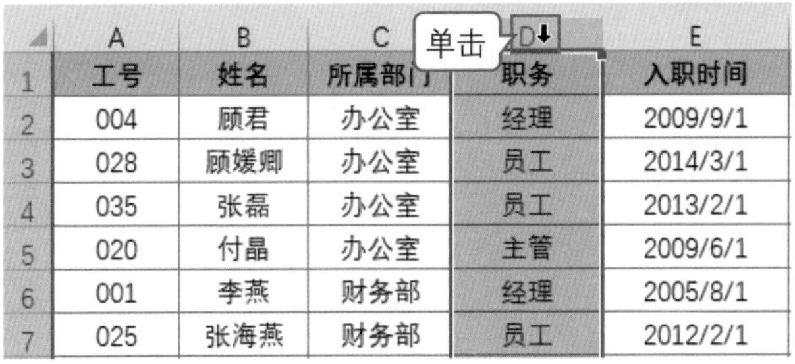

	A	B	C	D	E
1	工号	姓名	所属部门	职务	入职时间
2	004	顾君	办公室	经理	2009/9/1
3	028	顾媛卿	办公室	员工	2014/3/1
4	035	张磊	办公室	员工	2013/2/1
5	020	付晶	办公室	主管	2009/6/1
6	001	李燕	财务部	经理	2005/8/1
7	025	张海燕	财务部	员工	2012/2/1

（单击）

图1-94

1.5.3 删除无用的空白行／列

没有实际作用的空白行或空白列会形成阻断，将一个完整数据表分隔成多个不连续的表，其危害性非常大。所以数据表中的多余空白行和列应全部删除。

如果表格中的数据较多，挨个删除空行很浪费时间。用户可借助筛选功能批量删除所有空白行。

选择整个数据表区域，按Ctrl+Shift+L组合键为表格创建筛选。然后单击任意字段中的筛选按钮，在筛选列表中取消"全选"值勾选"空白"，随后单击"确定"按钮，如图1-95所示。表格中的所有空行随即被筛选了出来，将空行选中并将其删除即可，如图1-96所示。最后再按一次Ctrl+Shift+L组合键可退出筛选状态。

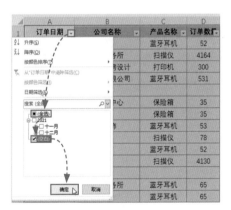

图1-95

图1-96

空白行可以使用上述方法批量删除，如果要批量删除空白列那么这个方法就没有办法实现了。这时候可以先将表格行列转置然后删除空白行，如图1-97所示。最后再将表格重新转置回来即可。

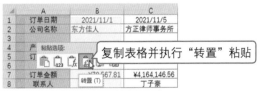

（复制表格并执行"转置"粘贴）

图1-97

1.5.4 取消合并单元格

合并单元格看似能让数据看起来更规整，实际上会对数据分析造成很大影响，例如，我们无法使用常规方法对包含合并单元格的数据表进行排序，创建数据透视表后，合并单元格所对应的数据也无法被准确提取。

要想取消数据表中的所有合并单元格，可以按Ctrl+A组合键全选数据表，打开“开始”选项卡，在“对齐方式”组中单击“合并后居中”按钮，如图1-98所示。取消合并单元格后，部分数据会丢失，会形成空白单元格，用户后续还应该将空缺的信息补全，如图1-99所示。

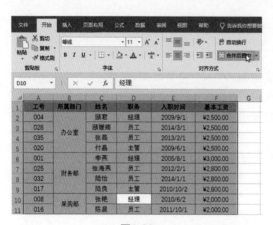

图1-98

	A	B	C	D	E
1	工号	所属部门	姓名	职务	入职时间
2	004	办公室	顾君	经理	2009/9/1
3	028		顾媛卿	员工	2014/3/1
4	035		张磊	员工	2013/2/1
5	020		付晶	主管	2009/6/1
6	001	财务部	李燕	经理	2005/8/1
7	025		张海燕	员工	2012/2/1
8	032		陆怡	员工	2014/1/1
9	017		陆良	主管	2010/10/2
10	008	采购部	张艳	经理	2010/6/2
11	016		陈晨	员工	2011/10/1
12	005	人事部	周勇	经理	2006/11/10
13	021		江英	员工	2011/1/2
14	029		孙慧	员工	2012/3/4
15	011		辛欣悦	主管	2011/9/1

图1-99

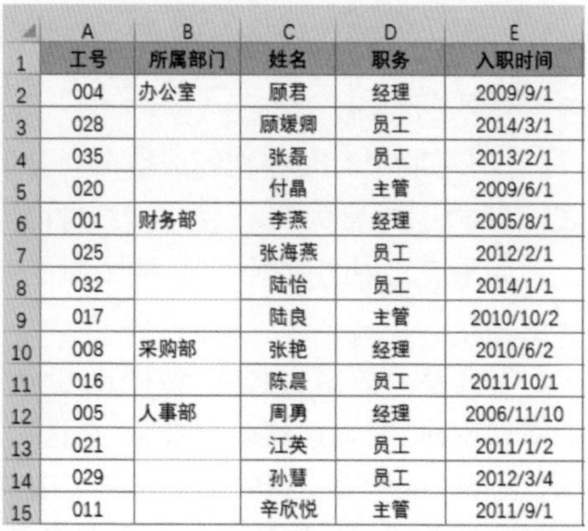

1.5.5 补全空缺信息

信息空缺即表示数据信息不完整。补全空缺信息可借助定位条件定位空值，然后输入需要的内容。

选择数据表区域，按Ctrl+G组合键打开“定位”对话框，单击“定位条件”按钮，打开“定位条件”对话框。选择“空值”单选按钮，然后单击“确定”按钮，如图1-100所示。此时所选区域中的所有空白单元格随即被选中，如图1-101所示。

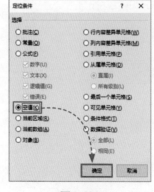

图1-100

	A	B	C	D
1	工号	所属部门	姓名	职务
2	004	办公室	顾君	经理
3	028		顾媛卿	员工
4	035		张磊	员工
5	020		付晶	主管
6	001	财务部	李燕	经理
7	025		张海燕	员工
8	032		陆怡	员工
9	017		陆良	主管
10	008	采购部	张艳	经理
11	016		陈晨	员工
12	005	人事部	周勇	经理
13	021		江英	员工

图1-101

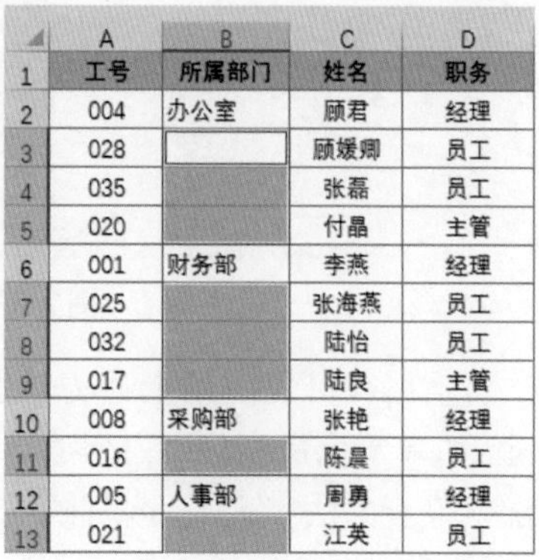

直接在编辑栏中输入公式“=B2”，该“B2”即第一个空白单元格上方包含数据的单元格，如图1-102所示。最后

按Ctrl+Enter组合键，所有空白单元格随即自动填充和自己上方单元格相同的内容，如图1-103所示。

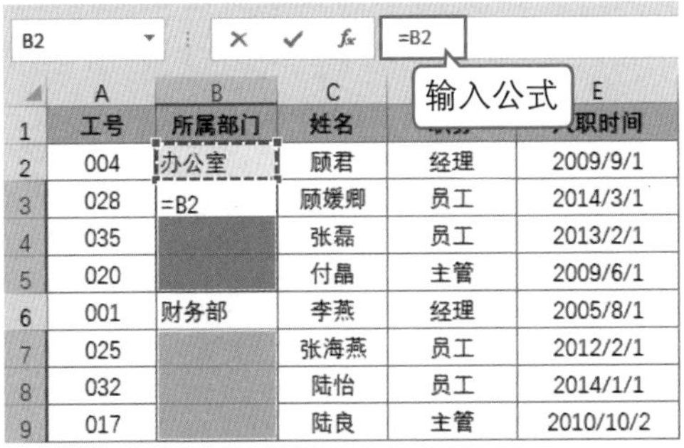

图1-102

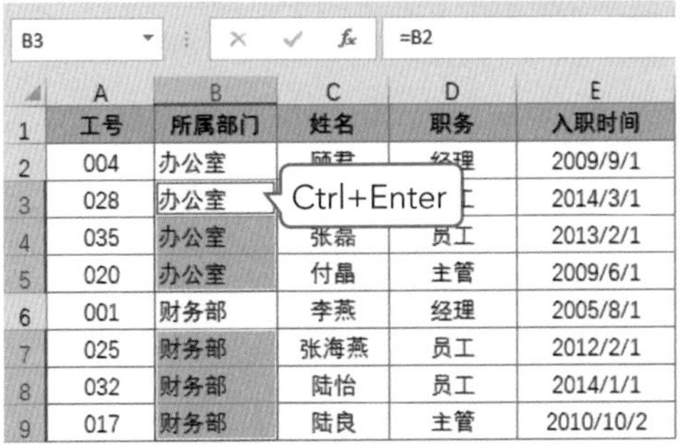

图1-103

1.5.6 数据属性行列分明

多种属性的数据不宜放在一个单元格中显示，最好做到数据属性分明，一个单元格中只录入一种属性的数据。

如果已经将多种属性的数据输入在了一起，可以通过设置让这些数据进行分列显示。

（1）使用分列功能分列

如果有特定的符号分隔不同属性的数据，或同类属性的数据长度相同，可使用"分列"功能对数据分列。

选择需要分列显示的内容所在单元格区域，打开"数据"选项卡，在"数据工具"组中单击"分列"按钮，如图1-104所示。

系统随即弹出"文本分列向导-第1步，共3步"对话框，此处选择"分隔符号"单选按钮，单击"下一步"按钮，如图1-105所示。

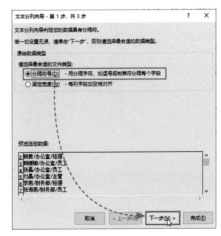

图1-104

图1-105

31

切换到第2步对话框,勾选"其他"复选框,在其右侧文本框中输入"/"(该斜杠为合并数据中的固定分隔符号),随后继续单击"下一步"按钮,如图1-106所示。

对话框切换到第3步。将光标定位于"目标区域"文本框中,接着在工作表中单击用于盛放分列后数据的起始单元格,最后单击"完成"按钮,如图1-107所示。

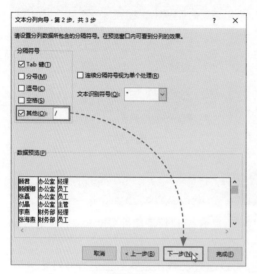

图1-106

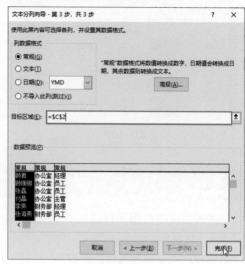

图1-107

此时工作表中的合并数据已经被分开在多列中显示了,如图1-108所示。

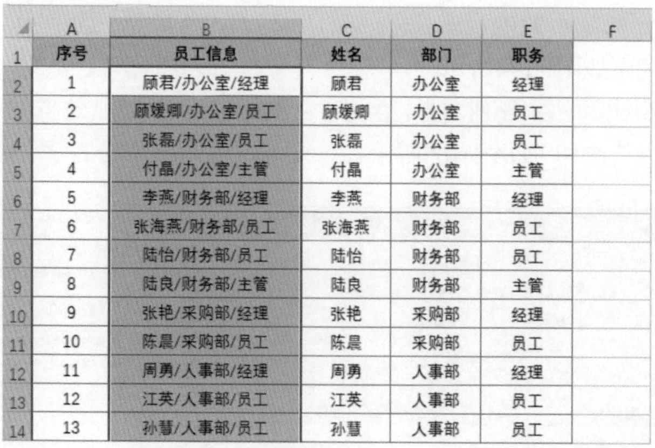

	A	B	C	D	E	F
1	序号	员工信息	姓名	部门	职务	
2	1	顾君/办公室/经理	顾君	办公室	经理	
3	2	顾媛卿/办公室/员工	顾媛卿	办公室	员工	
4	3	张磊/办公室/员工	张磊	办公室	员工	
5	4	付晶/办公室/主管	付晶	办公室	主管	
6	5	李燕/财务部/经理	李燕	财务部	经理	
7	6	张海燕/财务部/员工	张海燕	财务部	员工	
8	7	陆怡/财务部/员工	陆怡	财务部	员工	
9	8	陆良/财务部/主管	陆良	财务部	主管	
10	9	张艳/采购部/经理	张艳	采购部	经理	
11	10	陈晨/采购部/员工	陈晨	采购部	员工	
12	11	周勇/人事部/经理	周勇	人事部	经理	
13	12	江英/人事部/员工	江英	人事部	员工	
14	13	孙慧/人事部/员工	孙慧	人事部	员工	

图1-108

(2)使用快捷键分列数据

对于没有特定符号进行分隔,且各种数据长度不同的合并数据可以使用快速填充功能进行分列。

先将第一个合并数据按数据属性分列出一个样本，如图1-109所示。随后选中第一个属性样本所在单元格，按Ctrl+E组合键，该属性的所有数据即可被提取出来，如图1-110所示。最后参照前一个步骤，依次使用Ctrl+E组合键将其他属性的数据全部分列显示出来，如图1-111所示。

	A	B	C	D	E
1	序号	员工信息	姓名	部门	职务
2	1	顾君/办公室/经理	顾君	办公室	经理
3	2	顾媛卿/办公室/员工			
4	3	张磊/办公室/员工			
5	4	付晶/办公室/主管			
6	5	李燕/财务部/经理			
7	6	张海燕/财务部/员工			
8	7	陆怡/财务部/员工			
9	8	陆良/财务部/主管			
10	9	张艳/采购部/经理			
11	10	陈晨/采购部/员工			
12	11	周勇/人事部/经理			

图1-109

	A	B	C	D
1	序号	员工信息	姓名	部门
2	1	顾君/办 Ctrl+E	顾君	办公室
3	2	顾媛卿/办公室/员工	顾媛卿	
4	3	张磊/办公室/员工	张磊	
5	4	付晶/办公室/主管	付晶	
6	5	李燕/财务部/经理	李燕	
7	6	张海燕/财务部/员工	张海燕	
8	7	陆怡/财务部/员工	陆怡	
9	8	陆良/财务部/主管	陆良	
10	9	张艳/采购部/经理	张艳	
11	10	陈晨/采购部/员工	陈晨	
12	11	周勇/人事部/经理	周勇	

图1-110

	A	B	C	D	E
1	序号	员工信息	姓名	部门	职务
2	1	顾君/办公室/经理	顾君	办公室	经理
3	2	顾媛卿/办公室/员工	顾媛卿	办公室	员工
4	3	张磊/办公室/员工	张磊	办公室	员工
5	4	付晶/办公室/主管	付晶	办公室	主管
6	5	李燕/财务部/经理	李燕	财务部	经理
7	6	张海燕/财务部/员工	张海燕	财务部	员工
8	7	陆怡/财务部/员工	陆怡	财务部	员工
9	8	陆良/财务部/主管	陆良	财务部	主管
10	9	张艳/采购部/经理	张艳	采购部	经理
11	10	陈晨/采购部/员工	陈晨	采购部	员工
12	11	周勇/人事部/经理	周勇	人事部	经理

图1-111

拓展练习：制作员工销售提成表

▶扫一扫　看视频◀

本章主要对数据的类型、格式设置、数据录入技巧以及数据源的规范整理进行了详细介绍，下面将利用所学知识制作一份员工销售提成表。

Step 01 分别在A2和A3单元格中输入数字"1"和"2"，随后选中这两个单元格，将光标移动到单元格区域的右下角，如图1-112所示。

Step 02 光标变成黑色十字形状时，按住鼠标左键向下方拖动，如图1-113所示。

	A	B	C	D	E
1	序号	销售人员	销售日期	商品名称	产品型号
2	1				
3	2				
4					
5					
6					
7					
8					
9					
10					
11					
12					
13					
14					

图1-112

	A	B	C	D	E
1	序号	销售人员	销售日期	商品名称	产品型号
2	1				
3	2				
4					
5					
6					
7					
8					
9					
10	9				
11					
12					
13					

图1-113

Step 03 松开鼠标后单元格区域中随即自动填充1、2、3⋯⋯的序列, 如图1-114所示。

Step 04 在表格中输入销售人员、销售日期、商品名称等基本信息, 如图1-115所示。

序号	销售人员	销售日期	商品名称
1			
2			
3			
4			
5			
6			
7			
8			
9			
10			
11			
12			

图1-114

序号	销售人员	销售日期	商品名称	产品型号	销售数量	业绩奖金
1	刘丽	2021/10/1	服务器	X346 8840-I02	6	200
2	张迎春	2021/10/1	服务器	万全 R510	10	500
3	雷显明	2021/10/2	笔记本电脑	昭阳	12	600
4	丁丽	2021/10/3	台式电脑	商祺 3200	32	1200
5	孙美玲	2021/10/3	笔记本电脑	昭阳 S620	9	400
6	阿香	2021/10/3	台式电脑	天骄 E5001X	40	2000
7	孙恺	2021/10/4	服务器	xSeries 236	3	200
8	刘学武	2021/10/4	服务器	xSeries 236	4	300
9	封学武	2021/10/4	服务器	万全 T350	6	600
10	辗武	2021/10/5	台式电脑	商祺 3200	26	800
11	周广冉	2021/10/5	笔记本电脑	昭阳	4	200
12	尹明丽	2021/10/5	台式电脑	锋行 K7010A	30	1800
13	陈西杰	2021/10/5	服务器	X255 8685-71	5	300
14	胡一	2021/10/5	服务器	X346 8840-I02	6	200
15	王凯	2021/10/6	服务器	万全 R510	10	500
16	显明	2021/10/6	笔记本电脑	昭阳	12	600
17	丁甜	2021/10/6	台式电脑	商祺 3200	32	1200
18	陈阮黑	2021/10/6	笔记本电脑	昭阳 S620	9	400

图1-115

Step 05 选中C列中的所有销售日期, 打开"开始"选项卡, 单击"数字"选项卡中的"数字格式"对话框启动器按钮, 如图1-116所示。

Step 06 系统随即弹出"设置单元格格式"对话框, 在"数字"选项卡中选择"日期"分类, 随后选择类型为"3月14日", 单击"确定"按钮, 如图1-117所示。

图1-116

图1-117

Step 07 C列中的所有日期随即变为相应格式。接着在工作表中选择E列中的所有产品型号, 如图1-118所示。

Step 08 按Ctrl+H组合键, 打开"查找和替换"对话框, 在查找内容文本框中输入"昭阳", 替换为文本框中输入"华硕", 单击"选项"按钮, 展开对话框中的所有选项, 勾选"单元格匹配"复选框, 随后单击"全部替

序号	销售人员	销售日期	商品名称	产品型号
1	刘丽	10月1日	服务器	X346 8840-I02
2	张迎春	10月1日	服务器	万全 R510
3	雷显明	10月2日	笔记本电脑	昭阳
4	丁丽	10月3日	台式电脑	商祺 3200
5	孙美玲	10月3日	笔记本电脑	昭阳 S620
6	阿香	10月3日	台式电脑	天骄 E5001X
7	孙恺	10月4日	服务器	xSeries 236
8	刘学武	10月4日	服务器	xSeries 236
9	封学武	10月4日	服务器	万全 T350
10	辗武	10月5日	台式电脑	商祺 3200
11	周广冉	10月5日	笔记本电脑	昭阳
12	尹明丽	10月5日	台式电脑	锋行 K7010A

图1-118

换"按钮,如图1-119所示。

Step 09 删除查找内容和替换为内容,重新输入查找内容为"x",替换为内容为"H",取消"单元格匹配"复选框的勾选,勾选"区分大小写"复选框,单击"全部替换"按钮,如图1-120所示。单击"关闭"按钮,关闭对话框。

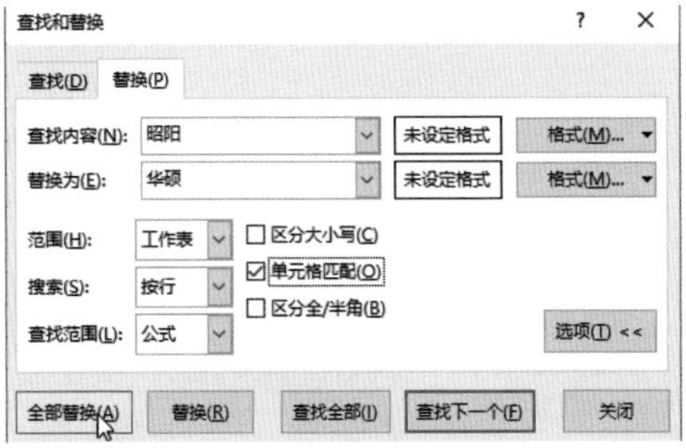

图1-119

图1-120

Step 10 此时产品型号中所有单独存在于一个单元格中的"昭阳"全部被替换为了"华硕",所有小写的"x"全部被替换为了"H",如图1-121所示。

Step 11 选中G列中的所有业绩奖金数值,打开"开始"选项卡,在"数字"选项卡中单击"数字格式"下拉按钮,在展开的列表中选择"货币"选项,如图1-122所示。

Step 12 保持所选区域不变,在"开始"选项卡中的"数字"组内单击两次"减少小数位数"按钮,将两位小数去除。至此,完成员工销售提成表的制作,如图1-123所示。

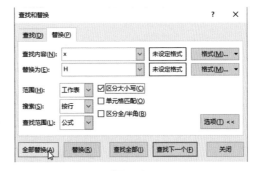

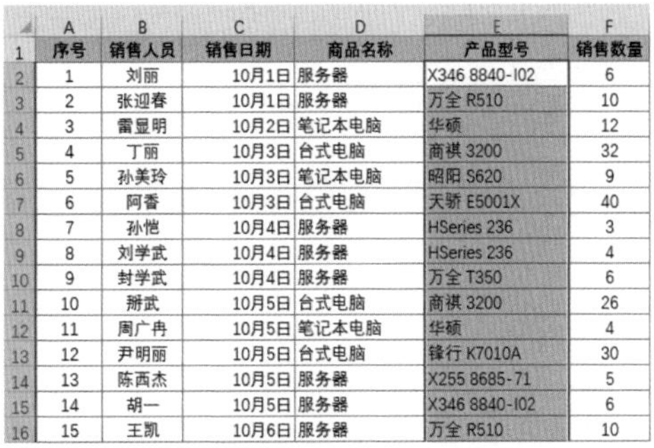

图1-121

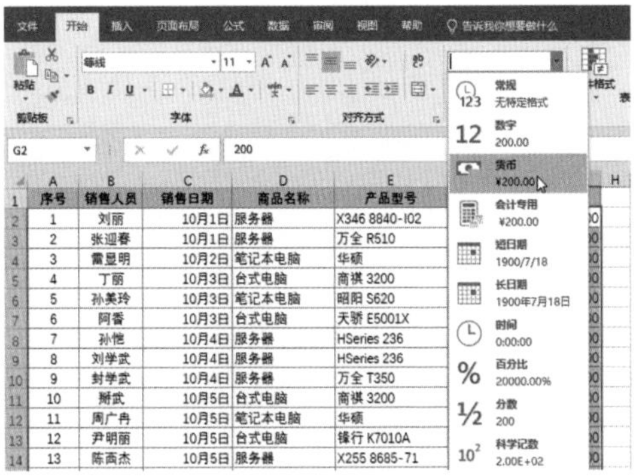

图1-122

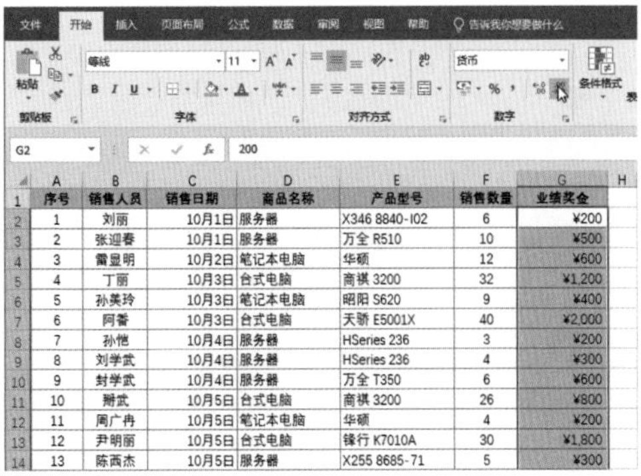

图1-123

知识总结：用思维导图学习数据分析

学习要成系统，盲目而松散的学习习惯很难取得好的学习成果，只有循序渐进、持续学习，才能厚积薄发。下面将本章的学习重点绘制成了思维导图，读者可参照思维导图整理学习思路，回顾所学知识，巩固学习效果。

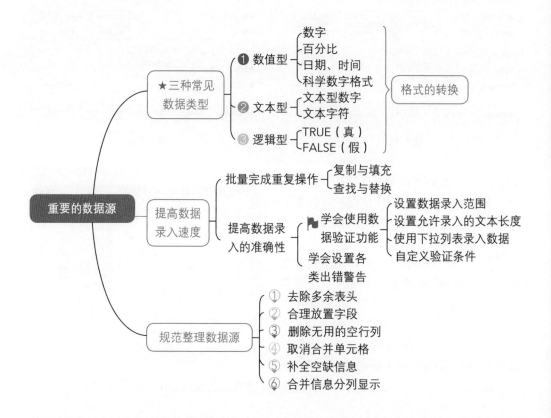

第 **2** 章

公式与函数在数据 分析中的应用

公式与函数是Excel软件不可或缺的组成部分。在对数据进行统计、分析时通常都需要使用公式与函数来完成，其运算能力十分强大，而且计算的范围也很广。本章将对公式与函数的应用知识进行详细介绍。

2.1 公式与函数的自我介绍

Excel公式是一种能够自动计算结果的算式。而函数则是预定的公式,函数必须放在公式中使用。当用公式执行复杂计算时,函数可以简化公式,公式和函数的关系是密不可分的。下面将对公式以及函数的基础知识进行讲解。

2.1.1 HI!我是 Excel 公式

Excel公式和数学公式长得很像,分辨它们最便捷的方法是看等号的位置,数学公式把等号写在最后面,而Excel公式把等号写在最前面,如图2-1所示。另外,Excel公式还有一个最大的特点,那就是确认输入后它可以自动计算,如图2-2所示。

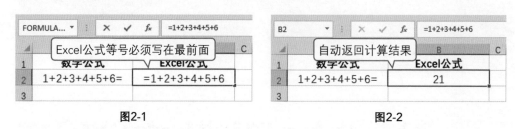

图2-1　　　　　　　　　　　　　图2-2

上面所展示的只是Excel公式最基本的形式。接下来看另一种形式,即利用单元格实现加减乘除。例如,计算两个月的合计销售金额时,公式中可以用两个月的具体销售数值相加(如图2-3所示),也可以引用销售数据所在单元格进行相加,如图2-4所示。公式输入完成后按Enter键可返回计算结果。

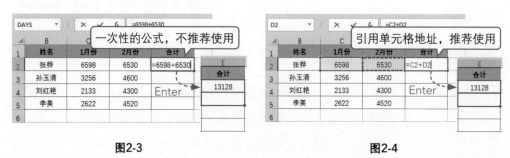

图2-3　　　　　　　　　　　　　图2-4

上述两种方式,虽然都能得到正确的计算结果,但是不推荐在公式中手动输入单元格中包含的值,因为这种公式几乎是一次性的,当用户需要进行同类计算时需要不断地重复输入公式,不仅效率低,而且容易输错,如果要计算的值发生了变化,就不得不对公式中的值进行相应修改,否则便得不到准确的统计结果。

在公式中引用单元格地址才是推荐的做法。填充公式时所引用的单元格地址会随着公式的位置自动发生变化,一个公式就能完成所有同类计算,如图2-5所示。即使单元格中的值被修改,公式也会自动进行重新计算,不用重新更改公式,如图2-6所示(在公式中引用单元格以及填充公式的方法可参考本章2.2节的内容)。

图2-5　　　　　　　　　　　　　　图2-6

 注意事项　常规公式通常被用来进行各种简单的加减乘除运算，其运算原理和数学公式相同。只是在Excel公式中有些运算符号的写法不同，加号用"+"表示，减号用"-"表示，乘号用"*"表示，除号用"/"表示。

2.1.2　HI！我是Excel函数

Excel函数其实是预先定义的，可以执行复杂计算，完成数据分析和处理的特殊公式。函数是公式的灵魂，通常人们所说的Excel公式便是指函数公式。下面先来了解一些Excel函数的基础知识。

（1）函数的类型

Excel函数是一个很大的家族，在这个家族中有十几个小家庭，一共包含400多位家庭成员。按其功能进行分类，常用的函数类型包括财务函数、文本函数、日期和时间函数、查找与引用函数、数学和三角函数、统计函数、逻辑函数等。

用户可以在"公式"选项卡中的"函数库"组内查看这些函数。单击某个函数类型的按钮，在展开的列表中包含了该类型的所有函数，将光标停留在某个函数选项上方，屏幕中会显示该函数的参数以及作用。如图2-7所示。

图2-7

（2）查看函数帮助

学习函数的过程中遇到不认识或者不知道如何使用的函数，可通过查看函数帮助了解该函数的更多信息。

在"公式"选项卡中单击"插入函数"按钮，或按Shift+F3组合键，打开"插入函数"对话框，根据函数类型找到目标函数，在对话框左下角单击"有关该函数的帮助"，如图2-8所示。计算机在联网的状态下会自动打开Microsoft网页信息，显示该函数的帮助信息，如图2-9所示。

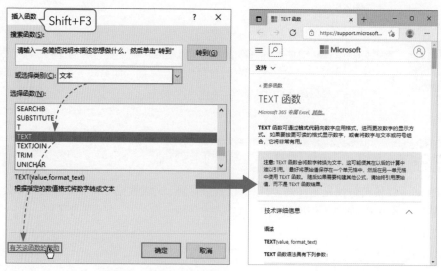

图2-8　　　　　　　　　　　　　　　　　图2-9

📖 **知识点拨**

如果不知道函数的类型，可以直接在"插入函数"对话框中搜索该函数，通过对话框中的文字提示了解该函数的语法格式及作用，并查看有关该函数的帮助信息，如图2-10所示。

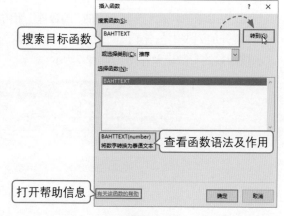

图2-10

（3）函数的构成

函数由函数名和参数两个主要部分构成，每一个函数都是通过特定的参数结构进行运算的。不同的函数，其参数数量不同，但是所有参数都必须写在括号中，且每个参数之间必须用逗号分隔，如图2-11所示。

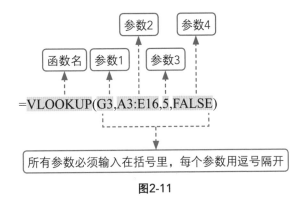

> **注意事项** Excel中也有一些函数是没有参数的，例如NOW、TODAY、ROW等，虽然没有参数，但是在使用时函数名称后面也必须写一对括号，例如"=ROW()"。

=VLOOKUP(G3,A3:E16,5,FALSE)

所有参数必须输入在括号里，每个参数用逗号隔开

图2-11

2.2 公式与函数的应用基础

在使用公式与函数解决实际问题之前，还需要先了解一些基础知识，例如公式与函数的输入和编辑技巧、名称的应用、常见错误分析等。

2.2.1 公式的输入与编辑

公式的输入有很多技巧，尤其是计算单元格中包含的数据时，纯手工录入和引用单元格，对公式的影响很大。

（1）如何在公式中引用单元格地址

在公式中引用单元格地址其实很简单，输入公式的过程中将光标移动到需要引用的单元格上方，单击鼠标，公式中随即出现该单元格地址，如图2-12所示。

在输入函数公式时经常会引用单元格区域，将光标移动到要引用的区域的起始单元格上方，按住鼠标左键进行拖动，直到目标区域被选中，松开鼠标，即可将该区域地址录入到公式中，如图2-13所示。

图2-12

图2-13

> **注意事项** 当不方便以直接单击的方式引用单元格时，也可手动输入单元格地址。

（2）公式如何自动计算

公式输入完成后需要执行确认输入的操作才会返回计算结果。确认输入有多种方法。

方法1: 按Enter键确认公式输入。

方法2: 按Ctrl+Enter键确认公式输入。

方法3: 在编辑栏中单击"✓"按钮确认输入，如图2-14所示。

图2-14

（3）编辑公式

确认公式的录入后，若要对公式进行修改或继续编辑，需要启动编辑模式。用户可使用多种方法启动编辑模式。

方法1: 在包含公式的单元格上方双击鼠标。

方法2: 选择包含公式的单元格，按F2键。

方法3: 选择包含公式的单元格，直接将光标定位到编辑栏中对公式进行修改。

2.2.2　填充与复制公式

工作中，计算具有相同规律的数据时，通常只需要输入一次公式，然后对公式进行复制或填充即可完成所有计算。

（1）填充公式

选择包含公式的单元格，将光标放在单元格右下角，光标变成黑色十字形状时按住鼠标左键，向目标区域拖动，拖动到目标单元格后松开鼠标，鼠标拖动过的区域中随即自动填充公式并返回计算结果，如图2-15所示。

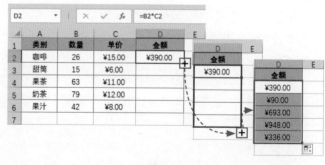

图2-15

（2）复制公式

当要计算的数据在不相邻的区域时，填充公式不方便操作，此时可以复制公式完成同类计算。

选择包含公式的单元格，按Ctrl+C组合键进行复制，随后选中目标单元格，按Ctrl+V组合键进行粘贴，被粘贴的公式中引用的单元格会随着公式的位置发生相应变化，如图2-16所示。

使用此方法，单元格格式会连同公式一起被复制，若想只复制公式不复制格式，可以使用右键菜单中的"公式"模式进行粘贴，如图2-17所示。

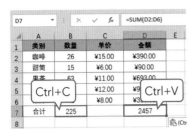

图2-16　　　　　　　　　　　图2-17

2.2.3　单元格的引用形式

单元格的引用形式分为相对引用、绝对引用以及混合引用3种。不同的引用形式在公式被移动到其他单元格后能体现出不同的效果。

（1）相对引用

输入公式时，直接单击单元格所得到的引用即相对引用，例如"=A1"中的"A1"即相对引用。使用相对引用时，单元格地址会随着公式位置的变化自动发生变化。

在D1单元格中输入"=A1"，如图2-18所示。当把D1单元格中的公式复制到E3单元格中时，公式自动变成了"=B3"，单元格地址随着公式位置的变化发生了相对的变化，如图2-19所示。

图2-18

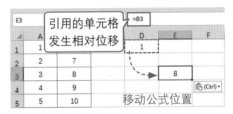

图2-19

（2）绝对引用

绝对引用的单元格不会随着公式位置的移动发生变化。绝对引用的标志是"$"符号，例如"=$A$1"中的"$A$1"即绝对引用。

在C1单元格中输入公式"=$A$1"，如图2-20所示。随后将公式复制到D4单元格，在编辑栏中可以看到，公式中引用的单元格仍然是"$A$1"，如图2-21所示。

图2-20　　　　　　　　　　　图2-21

（3）混合引用

混合引用是相对引用和绝对引用的综合体。我们都知道，所谓的单元格引用其实引用的是单元格的地址，而单元格地址则是由单元格所处的列位置和行位置组成的。混合引用会对所引用的单元格的行位置或列位置单独进行锁定，例如"=$A1"和"=A$1"，公式中对A1单元格的引用分别是"绝对列相对行"（如图2-22所示），以及"相对列绝对行"的引用（如图2-23所示）。在移动公式位置时，前面带"$"符号的部分不会发生变化，没有"$"符号的部分会发生变化。

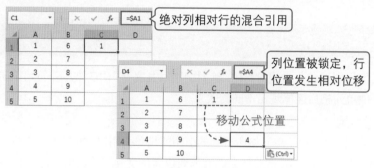

图2-22

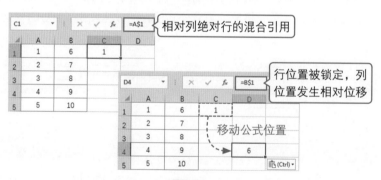

图2-23

📖 **知识点拨**

引用单元格时可以使用F4键快速切换引用形式。在公式中选中相对引用的单元格，按1次F4键切换为绝对引用；按2次F4键切换为相对列绝对行的混合引用；按3次F4键切换为绝对列相对行的混合引用；按4次F4键恢复为相对引用。

2.2.4 函数的输入技巧

由于函数的种类很多，用户可能无法短时间内熟悉所有函数的拼写方法以及语法格式，所以，除了手动输入函数并设置参数外，也可以根据函数类型插入函数并通过"函数参数"对话框设置参数。

（1）手动输入函数

如果用户比较熟悉某个函数的参数设置方法，知道该函数的拼写方式，或能拼出前几个字母就可以选择直接手动输入该函数。

当在等号后输入函数名的第一个字母后，屏幕中会出现一个列表，显示以该字母开头的所有函数，用户也可以多输入几个字母以缩小提示范围。在列表中双击需要使用的函数名，如图2-24所示。该函数名称随即被自动输入到等号之后，函数名后面会自动录入左括号，接下来继续手动输入各个参数以及右括号。公式输入完成后按Enter键，即可返回计算结果，如图2-25所示。

图2-24　　　　　　　　图2-25

（2）从函数库中插入函数

选择需要插入函数的单元格，打开"公式"选项卡，在"函数库"组中单击需要使用的函数类型，在展开的列表中选择函数，如图2-26所示。系统随即弹出"函数参数"对话框，设置好参数后单击"确定"按钮即可完成计算，如图2-27所示。

图2-26

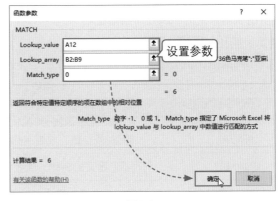

图2-27

（3）通过"插入函数"对话框插入函数

选中需要输入函数的单元格后，在"公式"选项卡中的"函数库"组内单击"插入函数"按钮，打开"插入函数"对话框。选择好函数类型以及需要使用的函数，单击"确定"按钮，如图2-28所示。随后系统也会弹出如图2-27所示的"函数参数"对话框，设置好参数后单击"确定"按钮即可完成计算。

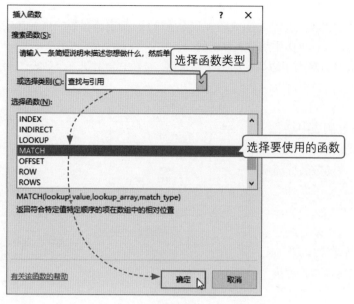

图2-28

2.2.5 常见的错误值分析及公式审核

公式出现错误值，是使用公式的时候难免会发生的情况，新手可能会觉得不知所措。其实错误值的产生都是有迹可循的，只要细心检查，边试错边观察细微的变化，一般都能找出错误值产生的原因并纠正错误。

（1）常见错误值类型

不同的错误值类型及错误值产生的原因见表2-1。

表2-1

错误值类型	错误值产生的常见原因
#DIV/0	除以0所得值，或者在除法公式中分母指定为空白单元格
#NAME?	利用不能定义的名称，或者名称输入错误，或文本没有加双引号
#VALUE!	参数的数据格式错误，或者函数中使用的变量或参数类型错误
#REF!	公式中引用了无效的单元格
#N/A	参数中没有输入必需的数值，或者查找与引用函数中没有匹配检索的数据
#NUM!	参数中指定的数值过大或过小，函数不能计算正确的答案
#NULL!	根据引用运算符指定共用区域的两个单元格区域，但共用区域不存在

（2）公式审核工具的应用

当公式遇到问题时可以尝试使用"公式审核"工具对公式进行排查、审核。Excel中的"公式审核"工具保存在"公式"选项卡中，包括追踪引用或从属单元格工具、显示公式开关、错误检查工具、公式求值工具，如图2-29所示。

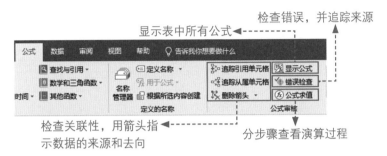

图2-29

① 错误检查　使用"错误检查"功能可检查使用公式时发生的常见错误。单击"错误检查"按钮可打开"错误检查"对话框，如图2-30所示。

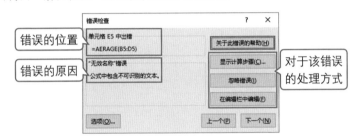

图2-30

② 追踪引用或从属单元格　单击"追踪引用单元格"按钮可追踪当前单元格中公式所引用的数据来源，如图2-31所示。单击"追踪从属单元格"按钮可追踪当前单元格中的数据去向，如图2-32所示。

图2-31　　　　　　图2-32

 注意事项　追踪形成的蓝色箭头和线条不能手动删除，检查完毕可单击"删除箭头"按钮将其清除。

③ 查看公式求值过程 分步骤查看公式的计算过程可以发现错误的具体位置, 从而明确错误的源头, 以便更快解决问题。在 "公式" 选项卡中单击 "公式求值" 按钮, 打开 "公式求值" 对话框, 单击 "求值" 按钮即可开始分步求值, 如图2-33所示。在 "求值" 框中可观察公式出错的具体位置, 如图2-34所示。

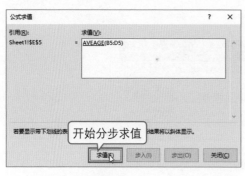

图2-33

图2-34

④ 显示公式 在 "公式" 选项卡中单击 "显示公式" 按钮可将工作表中所有公式显示出来, 在显示公式的模式下, 选中任意一个包含公式的单元格, 表格中会以彩色引用框显示该公式所引用的区域, 如图2-35所示。再次单击 "显示公式" 按钮, 可将公式恢复为计算结果。

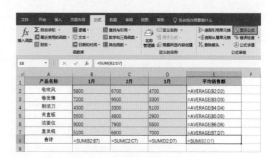

图2-35

2.3 数组公式让计算变得更简单

数组公式可以同时对一组或多组数据进行计算, 并一次性返回一个或多个计算结果, 在进行复杂计算或批量计算时可以简化公式, 提高工作效率。

2.3.1 什么是数组

数组是由一个或多个元素组成的集合, 数组元素可以是数字、文本、日期、错误值、逻辑值等。

数组又分为常量数组、区域数组和内存数组三种类型。内存数组不常用, 对于初学者来说较难理解, 此处不做展开介绍, 下面将对常量数组和区域数组进行详细说明。

（1）常量数组

常量数组由常量组成, 常量数组的特征如下。

① 所有数组常量必须输入在 "{}" (花括号)中。

② 每个常量之间需要用分隔符分开, 分隔符有半角英文逗号 "," 和分号 ";" 两种。常见类型为{1,5,12,108,3,11}或{0;88;12;37;22;111}, 其中用逗号分隔的数组为水平数组, 用分号分隔的数组为垂直数组。

例如, 下面公式中的{0,0.003,0.01}即为水平常量数组。

$$=CHOOSE(SUM(N(C2/B2>={0,0.003,0.01})))$$

（2）区域数组

区域数组即公式中引用的单元格区域, 例如计算销售二组最高产量时公式中的B2:B10和C2:C10即区域数组, 如图2-36所示。

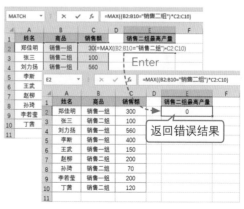

图2-36

2.3.2　使用数组公式时的注意事项

数组公式的应用跟普通公式稍微有些区别。下面将对数组公式的使用方法进行详细介绍。

（1）数组公式如何返回计算结果

数组公式编辑完成后必须按Ctrl+Shift+Enter组合键返回结果, 如图2-37所示。若像普通公式一样按Enter键, 将无法返回正确结果或返回错误值, 如图2-38所示。

图2-37　　　　　　　　　图2-38

（2）数组公式的基本形式

在编辑栏中可以查看到数组公式包含在"{}"花括号中，如图2-39所示。这对花括号是按Ctrl+Shift+Enter组合键后自动生成的，不可手动输入。

E2		▼	⋮	×	✓	fx	{=MAX((B2:B10="销售二组")*C2:C10)}

◢	A	B	C	D	E	F
1	姓名	商品	销售额		销售二组最高产量	
2	郑佳明	销售一组	300		200	
3	张三	销售二组	100			
4	刘力扬	销售一组	560			

图2-39

（3）如何用数组公式进行批量计算

用一个数组公式完成批量计算时需要先选中结果区域，然后在编辑栏中输入公式，如图2-40所示。最后按Ctrl+Shift+Enter组合键，所选区域中随即被填充数组公式，批量完成计算，如图2-41所示。

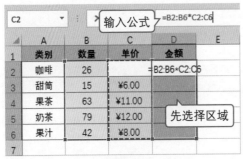

图2-40

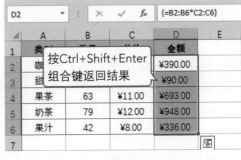

图2-41

（4）如何编辑数组公式

一组数组公式，不能对其中的一个公式进行单独修改或删除。修改完成后必须再次按Ctrl+Shift+Enter组合键进行确认，若直接按Enter键将弹出警告对话框，如图2-42所示。

📖 **知识点拨**

若要删除一组数组公式，可按Backspace键先删除其中的一个公式，然后按Ctrl+Shift+Enter组合键进行确认，即可将整组数组公式删除。或者将整组数组公式选中，直接按Delete键进行删除。

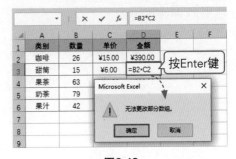

图2-42

2.4 逻辑函数实现自动判断

逻辑函数通过判断得出逻辑结果。下面将对常用的逻辑函数的使用方法进行详细介绍。

2.4.1 IF 函数的应用

IF函数是Excel中最常用的函数之一,它可以对指定值与期待值进行比较,并返回逻辑判断结果。其返回结果有两种:一种是TRUE,另一种是FALSE。

下面将用IF函数根据两年的产品营业额判断业绩是否增长。选择E2单元格,输入公式"=IF(D2>C2,"增长","未增长")",如

图2-43所示。按Enter键返回计算结果后,将E2单元格中的公式向下填充至E3:E9单元格区域,计算出其他产品的业绩增长情况,如图2-44所示。

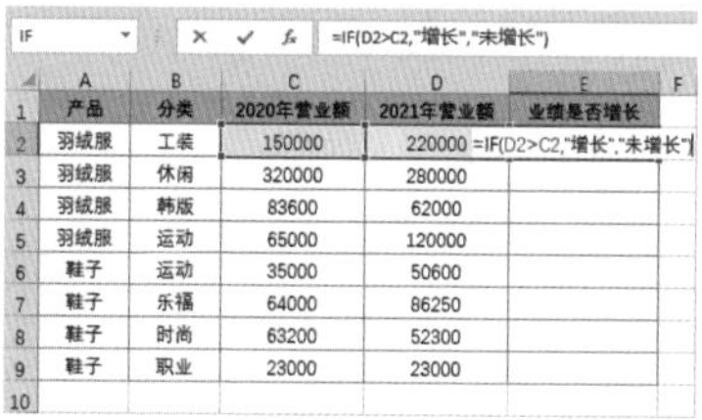

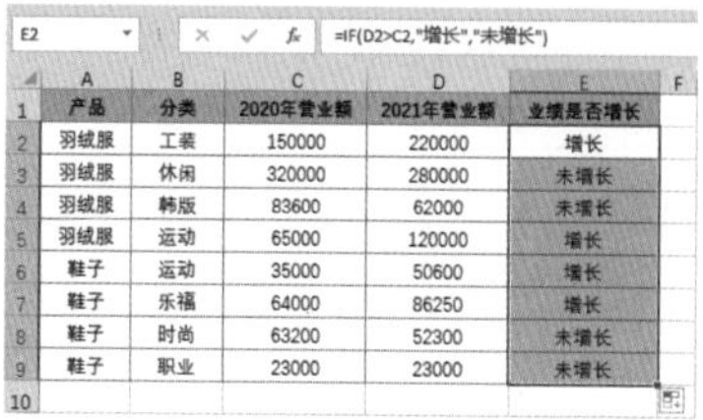

图2-43　　　　　　　　图2-44

公式解析

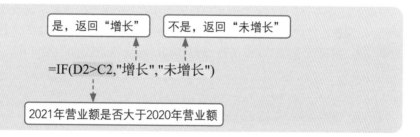

```
是,返回"增长"        不是,返回"未增长"

=IF(D2>C2,"增长","未增长")

2021年营业额是否大于2020年营业额
```

2.4.2 IF 函数执行多重判断

一个IF函数只能执行一次判断,若要进行多次判断可使用IF函数进行循环嵌套。例如判断各类产品两年业绩增长情况时用"增长""下滑"或"持平"显示实际对比结果。

选择E2单元格,输入公式"=IF(D2>C2,"增长",IF(D2=C2,"持平","下滑"))",按Enter键返回计算结果,随后将公式向下方填充,判断出其他产品的营业额对比情况,如图2-45所示。

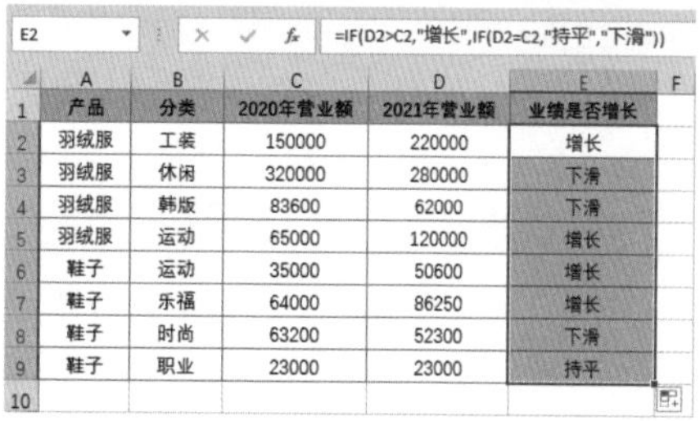

图2-45

2.4.3   AND 函数的应用

AND函数用于确定测试中的所有条件是否均为TRUE。当所有条件均为TRUE时，AND函数返回TRUE，否则返回FALSE。例如判断考生各科成绩是否全部及格。

选择E2单元格，输入公式"=AND(B2>=60,C2>=60,D2>=60)"，随后将公式向下方填充，此时公式返回的结果为FALSE或TRUE。FALSE表示三科成绩不是全部都大于等于60分，TRUE表示三科成绩都大于等于60分，如图2-46所示。

E2		× ✓ fx	=AND(B2>=60,C2>=60,D2>=60)		
▲	A	B	C	D	E	F
1	姓名	员工手册	理论知识	实际操作	是否全部及格	
2	李阿倩	60	60	50	FALSE	
3	赵波	50	60	40	FALSE	
4	凯西	80	80	90	TRUE	
5	刘明月	60	70	80	TRUE	
6	孙提	90	80	70	TRUE	
7	周凯	90	80	80	TRUE	
8	刘明月	40	60	50	FALSE	
9	赵赟	90	90	90	TRUE	

图2-46

2.4.4   OR 函数的应用

OR函数用于判断测试条件中是否有TRUE。只要有一个TRUE，OR函数便返回TRUE，只有当所有条件均为FALSE时，公式才返回FALSE。

例如判断四个季度的销售数据中是否至少有一个季度的销量达到预计销量。选择F2单元格，在编辑栏左侧单击"_fx_"按钮，如图2-47所示。弹出"插入函数"对话框，从中选择函数类别为"逻辑"，选择"OR"函数，随后单击"确定"按钮，如图2-48所示。

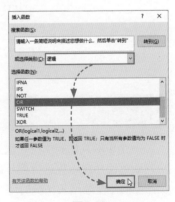

图2-47   图2-48

在弹出的"函数参数"对话框中设置好参数，单击"确定"按钮，如图2-49所示。返回到工作表，F2单元格中已经返回了结果，最后将F2单元格中的公式向下方填充，得到其他结果，如图2-50所示。

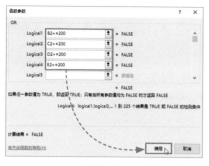

图2-49

	A	B	C	D	E	F	G
	商品名称	1季度	2季度	3季度	4季度	是否至少有一个季度销量达标	
2	美容仪	113	73	147	151	FALSE	
3	洗牙器	96	70	50	104	FALSE	
4	加湿器	161	230	133	103	TRUE	
5	吹风机	65	212	199	220	TRUE	
6	卷发器	175	179	99	155	FALSE	
7	直发梳	165	53	174	116	FALSE	
8	拉直板	213	107	256	67	TRUE	
9	洁面仪	134	170	192	55	FALSE	

F2　=OR(B2>=200,C2>=200,D2>=200,E2>=200)

图2-50

> 📖 **知识点拨**
>
> AND和OR函数经常和其他函数组合应用,以实现更多的运算要求。例如用IF函数和AND函数组合将逻辑值转换成直观的文本,如图2-51所示。

E2　=IF(AND(B2>=60,C2>=60,D2>=60),"通过","未通过")

	A	B	C	D	E	F	G
1	姓名	员工手册	理论知识	实际操作	是否通过		
2	李阿倩	60	60	50	未通过		
3	赵波	50	60	40	未通过		
4	凯西	80	80	90	通过		
5	刘明月	60	70	80	通过		
6	孙提	90	80	70	通过		
7	周凯	90	80	80	通过		
8	刘明月	40	60	50	未通过		
9	赵赟	90	90	90	通过		

图2-51

2.5　快速统计和汇总数据

统计和汇总是工作中经常会执行的操作,Excel中包含的统计和汇总函数种类很多,常用的SUM、SUMIF、COUNT、COUNTIF、AVERAGE、MOD等。下面将对这些函数的应用进行详细介绍。

2.5.1　SUM 函数的应用

SUM函数用于计算指定单元格区域中所有数值的和。其参数可以设置为单元格或单元格区域的引用或具体的数字,最多可设置255个参数。

▶扫一扫　看视频◀

下面将使用SUM函数求商品总价。选择F16单元格，输入"=SUM("，随后在表格中选择F2:F15单元格区域，将该区域引用到公式中，如图2-52所示。最后输入右括号，按Enter键即可返回求和结果，如图2-53所示。

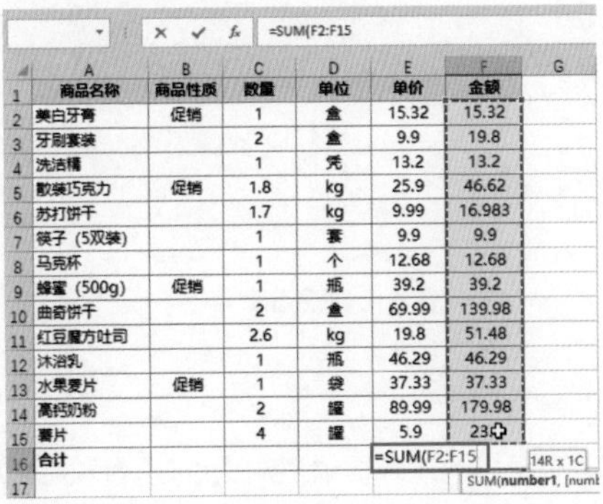

图2-52

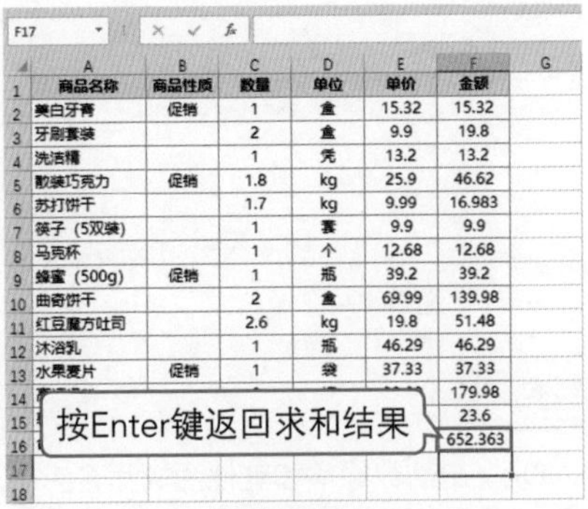

图2-53

📖 知识点拨

Excel为常用计算提供了快速操作按钮。在进行求和、求平均值等计算时，也可通过快捷按钮自动输入公式进行计算。在"公式"选项卡中的"函数库"组内单击"自动求和"下拉按钮，从展开的列表中可以选择需要使用的计算方式，如图2-54所示。

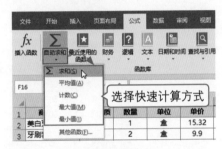

图2-54

2.5.2　SUMIF 函数的应用

SUMIF函数用于对指定区域中符合某个特定条件的值求和。该函数有三个参数，第一个参数表示条件所在的区域，第二个参数表示求和的条件，第三个参数表示求和的实际区域，下面将使用SUMIF函数统计奶粉的销量。

选择I1单元格，按Shift+F3组合键，如图2-55所示。打开"插入函数"对话框，选择类别为"数学与三角函数"，选择"SUMIF"函数，单击"确定"按钮，如图2-56所示。

图2-55

图2-56

在随后弹出的"函数参数"对话框中设置好参数,单击"确定"按钮,如图2-57所示。返回工作表,将I1单元格中的公式填充至I2:I3单元格区域,计算出不同段位奶粉的销售总金额,如图2-58所示。

图2-57	图2-58

将公式复制到I4单元格中,并修改第一个参数(条件所在区域)为表格中"品牌"字段对应的单元格区域,具体公式为"=SUMIF($A$2:$A$10,H4,$E$2:$E$10)",最后将公式向下方填充,计算出不同品牌奶粉的总金额,如图2-59所示。

	A	B	C	D	E	F	G	H	I	J
1	品牌	段位	单价	数量	金额			1	¥15,500.00	
2	飞鹤	1	¥240.00	15	¥3,600.00		段位	2	¥9,860.00	
3	飞鹤	2	¥220.00	12	¥2,640.00			3	¥12,640.00	
4	飞鹤	3	¥190.00	22	¥4,180.00			飞鹤	¥10,420.00	
5	雀巢	1	¥250.00	30	¥7,500.00		品牌	雀巢	¥15,470.00	
6	雀巢	2	¥190.00	23	¥4,370.00			雅培	¥12,110.00	
7	雀巢	3	¥180.00	20	¥3,600.00					
8	雅培	1	¥200.00	22	¥4,400.00					
9	雅培	2	¥190.00	15	¥2,850.00					
10	雅培	3	¥180.00	27	¥4,860.00					
11										

图2-59

 注意事项 本例公式需要进行填充,为了避免引用的区域发生位移,所以要对条件所在区域以及实际的求和区域使用绝对引用。

2.5.3 COUNT 函数的应用

COUNT函数用于计算区域中包含数字的单元格个数。该函数最多可设置255个参数。下面将使用COUNT函数计算车间实际生产天数。

选择D2单元格,输入公式"=COUNT(B2:B16)",如图2-60所示。单击编辑栏右侧的"✔",如图2-61所示,即可返回计算结果。

图2-60

图2-61

2.5.4 COUNTIF 函数的应用

COUNTIF函数用于计算满足指定条件的单元格数目。该函数有两个参数，第一个参数表示要计算其中满足条件的单元格数目的区域，第二个参数表示统计条件。

选择E2单元格，单击编辑栏左侧的"f_x"按钮，打开"插入函数"对话框，设置函数类别为"统计"，选择"COUNTIF"函数，单击"确定"按钮，如图2-62所示。

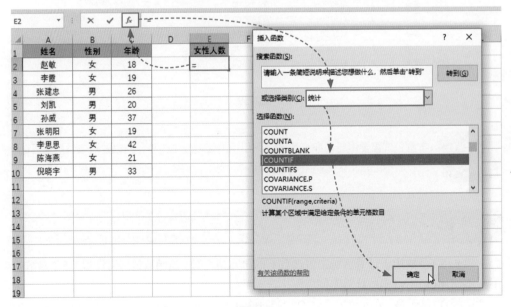

图2-62

在弹出的"函数参数"对话框中设置好参数,单击"确定"按钮,如图2-63所示。返回到工作表,E5单元格中已经自动返回了统计结果,如图2-64所示。

图2-63

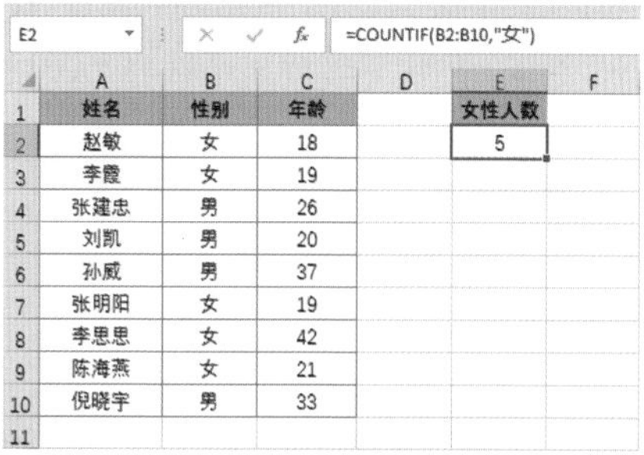

图2-64

2.5.5 AVERAGE 函数的应用

▶扫一扫 看视频◀

AVERAGE函数用于计算数字的平均值。该函数在计算平均值时会忽略文本、空单元格、逻辑值等。下面将使用AVERAGE函数计算考生平均分。

选择B10单元格,输入公式"=AVERAGE(B2:B9)",如图2-65所示。返回计算结果后将公式向右侧填充,计算出其他科目的平均成绩,如图2-66所示。

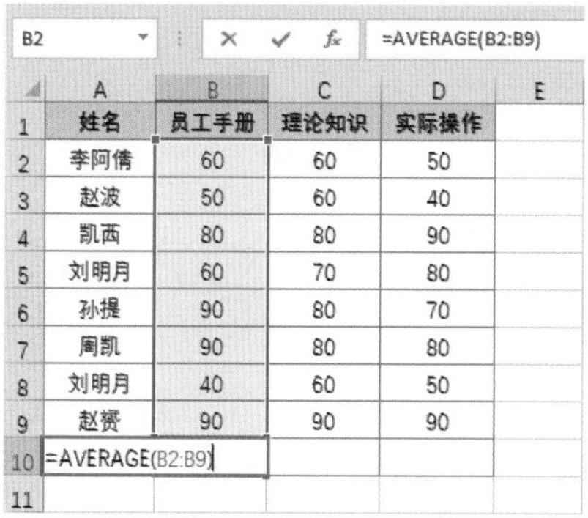

图2-65

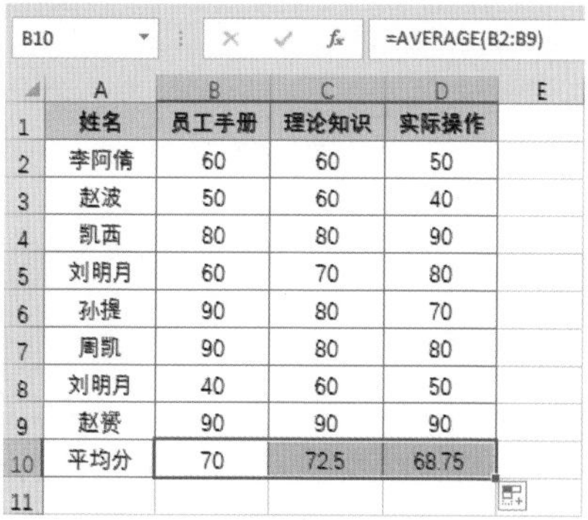

图2-66

2.5.6 AVERAGEIF 函数的应用

AVERAGEIF函数用于计算满足条件的所有单元格中数值的平均值。该函数有三个参数,第一个参数表示条件所在区域,或包含条件和求平均值的整个区域,第二个参数表示求平均值的条件，第三个参数表示计算平均值的实际单元格。下面将使用AVERAGEIF函数计算大于20岁的人员的平均年龄。

选择E2单元格，打开"公式"选项卡，在"函数库"组中单击"其他函数"下拉按钮，选择"统计"选项，在其下级列表中选择"AVERAGEIF"选项，如图2-67所示。

图2-67

在弹出的"函数参数"对话框中依次设置好参数，单击"确定"按钮，如图2-68所示。E2单元格中随即返回统计结果，如图2-69所示。

图2-68

图2-69

2.5.7 MOD 函数的应用

MOD函数用于计算两数相除的余数，该函数有两个参数，第一个参数表示被除数，第二个参数表示除数。MOD函数通常和其他函数组合应用，例如和IF及MID函数组合应用，根据身份证号码判断性别。

选择C2单元格，输入公式"=IF(MOD(MID(B2,17,1),2)=0,"女","男")"，确认输入后，即可根据对应身份证号码判断出性别。将公式向下方填充，还可提取出其他身份证号码所对应的性别，如图2-70所示。

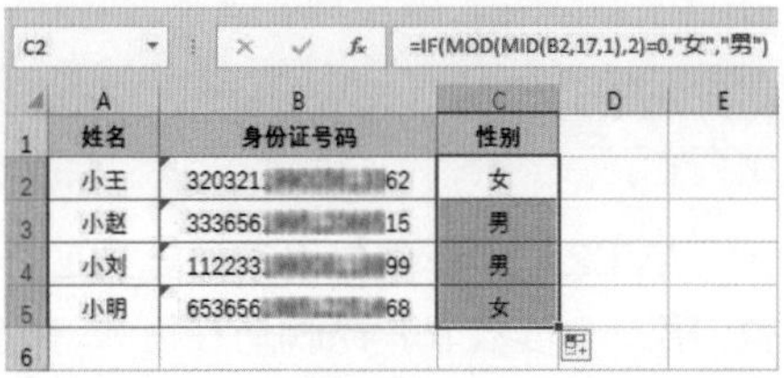

图2-70

📖 **知识点拨**

身份证号码的第17位数,奇数代表男性,偶数代表女性。本例利用MID函数从身份证号码中提取出第17位数,然后用MOD函数将提取出的数字与2相除,用IF函数判断余数是否为0,余数为0说明是偶数,公式返回"女",否则返回"男"。

2.6 数据的追踪与查询专业户

查找与引用函数,可以根据指定的关键字从数据表中查找需要的值,也可以识别单元格位置或表的大小等。常用的查找与引用函数包括VLOOKUP、MATCH、ROW、INDEX等。下面将对这些函数的使用方法进行详细介绍。

2.6.1 VLOOKUP 函数的应用

▶扫一扫 看视频◀

VLOOKUP函数用于查找指定的数值,并返回当前行中指定列处的数值。该函数有四个参数。第一个参数表示需要在数组第一列中查找的值。第二个参数表示指定的查找范围。第三个参数表示待返回的匹配值的序列号,指定为1时,返回数据表第一列中的数值,指定为2时,返回第二列中的数值,以此类推。第四个参数表示指定在查找时是要精确匹配还是近似匹配,FALSE表示精确匹配,TRUE或忽略表示近似匹配。

下面将使用VLOOKUP函数根据姓名查询销量。选择H2单元格,输入"=V"在公式下方的提示菜单中双击"VLOOKUP"选项,将该函数名称录入到公式中,如图2-71所示。继续将参数设置完整,输入右括号,具体公式为"=VLOOKUP(G2,B2:E11,4,FALSE)",输入完成后按Enter键返回查询结果,如图2-72所示。

图2-71

图2-72

 注意事项 在手动输入公式的过程中,有时候会出现关于下一个参数的提示菜单,用户可以双击菜单中的选项录入需要的参数值,如图2-73所示。

图2-73

2.6.2 MATCH 函数的应用

MATCH函数用于返回指定方式下与指定数值匹配的元素的相应位置。该函数有三个参数。第一个参数表示在查找范围内，按照查找类型指定的查找值。第二个参数表示在1行或1列指定查找值的连续单元格区域。第三个参数表示指定检索查找值的方法。

下面将使用MATCH函数查询指定人员入场的次序。选择E2单元格，输入"=MATCH("，然后单击编辑栏右侧的"*f_x*"按钮，打开"函数参数"对话框，通过该对话框设置参数，设置完成后单击"确定"按钮，如图2-74所示。返回工作表，此时E2单元格中已经计算出了指定姓名在姓名列表中出现的位置，如图2-75所示。

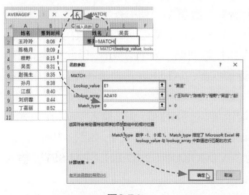

图2-74

图2-75

2.6.3 INDEX 函数的应用

INDEX函数用于返回指定行列交叉处引用的单元格。该函数有两种语法格式，一种语法格式包含三个参数，另一种语法格式包含四个参数。用户可以将这两种语法格式合并起来理解。第一个参数表示指定的检索范围。第二个参数表示引用中某行的行号。第三个参数表示引用中某列的列号。第四个参数表示指定要返回的行列交叉点位于引用区域组中的第几个区域，如果只有一个检索区域则可省略该参数。

下面将使用INDEX函数查询指定员工在指定年份的销售数据。选择H2单元格，输入公式"=INDEX(C2:F10,6,3)"，确认录入后公式将返回检索区域内指定行列处的值，即指定员工在指定年份的销售数据，如图2-76所示。

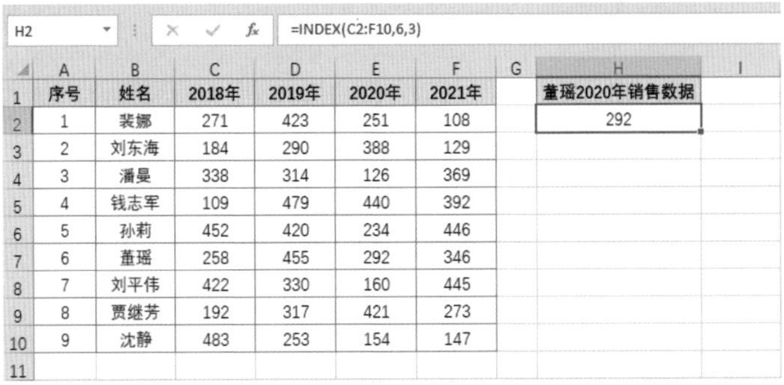

图2-76

2.6.4 ROW 函数的应用

ROW函数用于返回引用的行号。该函数只有一个参数，即需要得到其行号的单元格。

ROW函数通常和其他函数组合应用。下面将使用INDEX与ROW函数组合编写公式，隔行提取表格中的信息。选择D2单元格，输入公式"=INDEX(B:B,ROW(A1)*2)&"""，随后确认输入，单元格中随即提取出第一个电话号码，如图2-77所示。将公式向下方填充即可隔行提取出所有电话号码，如图2-78所示。

图2-77

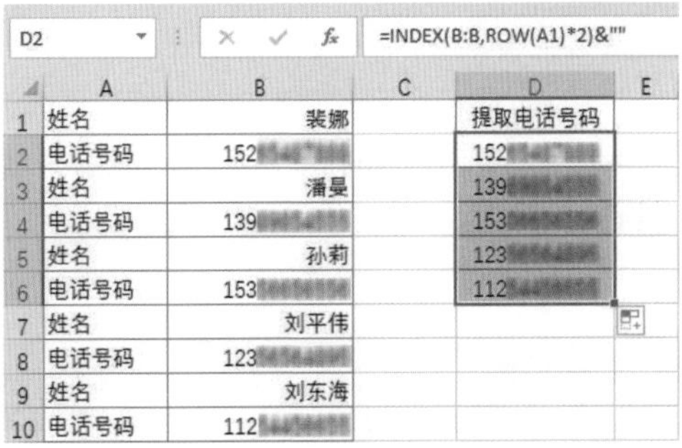

图2-78

📖 **知识点拨**

ROW(A1)*2的作用是提取偶数行。&是链接符号，公式最后的"&"""是为了在提取到空白单元格时，让INDEX函数返空值。

2.7 一键计算日期与时间差

Excel中包含很多日期与时间函数，利用这些函数可以处理年、月、日、星期、时间等问题，下面将对常用日期函数进行讲解。

2.7.1 TODAY 函数的应用

TODAY函数用于提取当前日期。该函数是为数不多的没有参数的函数。在单元格中输入"=TODAY()",按下Enter键即可返回计算机系统内部的当前日期,如图2-79所示。

图2-79

> **注意事项** TODAY函数始终显示当前日期,关闭工作簿下次再打开时TODAY函数会自动刷新显示为最新的日期。

TODAY函数通常和其他函数组合应用。下面将使用IF、MONTH函数与TODAY函数组合编写公式,对下个月生日的会员信息进行提醒。选择C2单元格,输入公式"=IF((MONTH($B2)=MONTH(TODAY())+1),"下月生日","")",随后将公式向下方填充,公式将对符合条件的会员信息进行提醒,如图2-80所示。

图2-80

> 📖 **知识点拨**
>
> MONTH函数用于提取日期中的月份。本例公式用MONTH函数从出生日期中提取出月份,然后和当前日期的月份的下一个月进行对比,最后用IF函数将符合条件的对比结果转换成文本"下月生日",不符合条件的则返回空白值。

2.7.2 DATEDIF 函数的应用

DATEDIF函数用于计算两个日期之间的天数、月数或年数。该函数是一个隐藏函数,需要手动输入。该函数有三个参数,第一个参数表示开始日期,第二个参数表示终止日期,第三个参数表示公式要返回的时间单位,可以返回年、月或日。

可返回的时间单位及具体含义见表2-2。

表2-2

时间单位	含义
"Y"	计算两个日期间隔的整年数
"M"	计算两个日期间隔的整月数
"D"	计算两个日期间隔的整日数

时间单位	含义
"YM"	计算不到一年的月数
"YD"	计算不到一年的日数
"MD"	计算不到一个月的日数

　　下面将使用DATEDIF函数根据出生日期计算年龄。选择C2单元格，输入公式"=DATEDIF(B2,TODAY(),"Y")"，如图2-81所示。确认公式的录入后将公式向下方填充，即可计算出其他出生日期对应的年龄，如图2-82所示。

AVERAGEIF	▼	⋮	×	✓	fx	=DATEDIF(B2,TODAY(),"Y")

▲	A	B	C	D
1	会员卡号	出生日期	年龄	
2	VIP30115	1988/12/30	=DATEDIF(B2,TODAY(),"Y")	
3	VIP30116	1993/11/2		
4	VIP30117	1990/9/18		
5	VIP30118	1975/6/25		
6	VIP30119	1986/11/12		
7	VIP30120	1994/10/31		
8				

图2-81

C2	▼	⋮	×	✓	fx	=DATEDIF(B2,TODAY(),"Y")

▲	A	B	C	D
1	会员卡号	出生日期	年龄	
2	VIP30115	1988/12/30	33	
3	VIP30116	1993/11/2	28	
4	VIP30117	1990/9/18	31	
5	VIP30118	1975/6/25	46	
6	VIP30119	1986/11/12	35	
7	VIP30120	1994/10/31	27	
8				

图2-82

2.7.3　WEEKDAY 函数的应用

　　WEEKDAY函数用于计算指定日期为星期几。该函数有两个参数。第一个参数表示一个日期值。第二个参数表示一个代表返回值类型的数字，该参数用数字1~3表示，若忽略，默认为数字1。不同返回值类型所代表的含义见表2-3。

表2-3

返回值类型	返回结果
1或省略	把星期日作为一周的开始，从星期日到星期六的1~7的数字作为返回值（星期日=1；星期一=2；星期二=3；星期三=4；星期四=5；星期五=6；星期六=7）
2	把星期一作为一周的开始，从星期一到星期日的1~7的数字作为返回值（星期一=1；星期二=2；星期三=3；星期四=4；星期五=5；星期六=6；星期日=7）
3	把星期日作为一周的开始，从星期日到星期六的0~6的数字作为返回值（星期日=0；星期一=1；星期二=2；星期三=3；星期四=4；星期五=5；星期六=6）

下面将使用WEEKDAY函数计算活动日期是星期几。选择C2单元格，输入"=WEEKDAY(B2,"此时公式下方会出现参数提示菜单，双击第二个选项，即使用数字2作为第二个参数，如图2-83所示。输入右括号，确认公式的输入，最后将公式向下方填充，即可提取出对应的日期分别是星期几，如图2-84所示。

图2-83

图2-84

2.8 其他典型函数的应用

除了上述的函数类型，Excel还包含很多常用函数，例如排名函数RANK、四舍五入函数ROUND、字符截取函数LEFT、MID、RIGHT以及文本函数TEXT等。下面将对这些函数的用法进行详细介绍。

2.8.1 RANK 函数的应用

RANK函数用于求指定数值在一组数值中的排位。该函数有三个参数，第一个参数表示要进行排名的数字，第二个参数表示要排名的数据所在区域，第三个参数表示排序的方式，该参数为0或忽略时按降序排序，为非0值时按升序排序（通常设置为数字1）。

下面将使用RANK函数对销量进行排名。选择E2单元格，输入"=RANK(D2,D2:D11"，在公式引用"D2:D7"单元格后按一次F4键，将其转换为绝对引用，接着继续输入公式，选择第三个参数为0，如图2-85所示。公式输入完成后将其向下方区域填充，即可为所有销量进行排名，如图2-86所示。

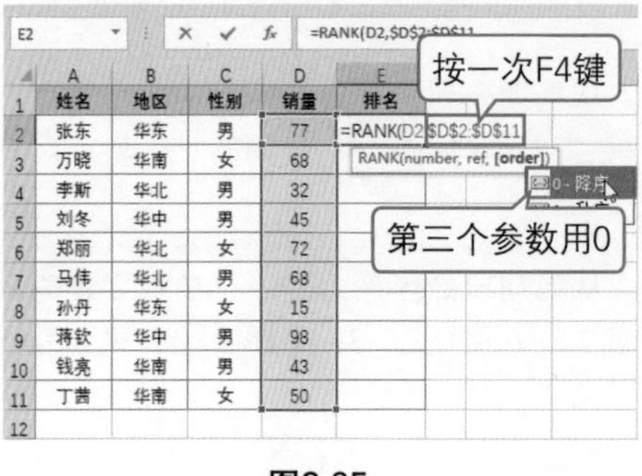

图2-85

图2-86

注意事项 使用RANK函数排名时，若有重复的数字将会出现重复的名次，重复名次的下一个名次保持空缺。

2.8.2 ROUND 函数的应用

ROUND函数用于按指定位数对数值进行四舍五入操作。该函数有两个参数，第一个参数表示需要进行四舍五入的数字，第二个参数表示要保留的小数位数。

下面将使用ROUND函数对金额进行四舍五入。选择F2单元格，输入公式“=ROUND(E2,1)”，随后将公式向下方填充即可将金额四舍五入到一位小数，如图2-87所示。

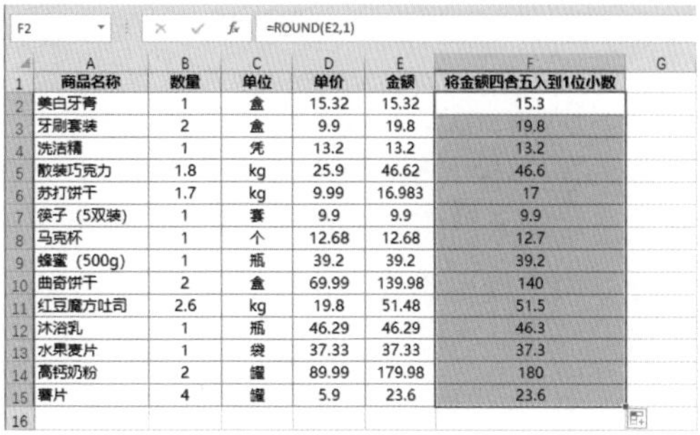

F2　=ROUND(E2,1)

商品名称	数量	单位	单价	金额	将金额四舍五入到1位小数
美白牙膏	1	盒	15.32	15.32	15.3
牙刷套装	2	盒	9.9	19.8	19.8
洗洁精	1	瓶	13.2	13.2	13.2
散装巧克力	1.8	kg	25.9	46.62	46.6
苏打饼干	1.7	kg	9.99	16.983	17
筷子（5双装）	1	套	9.9	9.9	9.9
马克杯	1	个	12.68	12.68	12.7
蜂蜜（500g）	1	瓶	39.2	39.2	39.2
曲奇饼干	2	盒	69.99	139.98	140
红豆魔方吐司	2.6	kg	19.8	51.48	51.5
沐浴乳	1	瓶	46.29	46.29	46.3
水果麦片	1	袋	37.33	37.33	37.3
高钙奶粉	2	罐	89.99	179.98	180
薯片	4	罐	5.9	23.6	23.6

图2-87

注意事项 常规格式下小数位数为0时不会显示，若要让其显示可以为单元格设置显示一位小数。

2.8.3 LEFT、MID、RIGHT 函数的应用

LEFT、MID、RIGHT这三个函数的作用都是从指定的字符串中截取字符，各自的作用及语法格式见表2-4。

表2-4

函数	作用	语法格式
LEFT	从字符串的第一个字符开始提取指定数量的字符	=LEFT（字符串，字符个数）
MID	从字符串中指定的位置起提取指定数量的字符	=MID（字符串，开始位置，字符个数）
RIGHT	从字符串的最后一个字符开始提取指定数量的字符	=RIGHT（字符串，字符个数）

下面将使用LEFT、MID、RIGHT函数从指定字符串中提取字符。

（1）从地址中提取省份

选择B2单元格，输入公式“=LEFT(A2,2)”，如图2-88所示。确认公式输入后将公式向下方填充，即可提取出其他地址中的省份信息，如图2-89所示。

| 图2-88 | 图2-89 |

（2）从身份证号码中提取出生日期

选择D2单元格，输入公式"=MID(B2,7,8)"，确认公式输入后将公式向下方填充，即可从所有身份证号码中提取出代表出生日期的数字，如图2-90所示。

图2-90

（3）从产品信息中提取尾缀字母

选择C2单元格，输入公式"=RIGHT(B2,1)"，随后将光标移动到单元格右下角，光标变成黑色十字形状时双击鼠标，如图2-91所示。公式随即提取出所有产品编号的最后一个字符，如图2-92所示。

图2-91   图2-92

2.8.4　TEXT 函数的应用

TEXT函数用于将数值转换为按指定数值格式表示的文本。该函数有两个参数，第一个参数表示需要转换格式的值，第二个参数表示用于指定文本形式的数字格式。

下面将使用TEXT函数将从身份证号码中提取出的代表出生日期的数字转换成日期格式。选择D2单元格，输入公式"=--TEXT(MID(B2,7,8), "0-00-00")"，按下Enter键后公式将返回一串数字。这个数字即所提取出的日期的数字代码，此时只需要将单元格格式设置为日期格式即可将数字转换成日期，如图2-93所示。

图2-93

随后将D2单元格中的公式向下方填充，即可从身份证号码中提取出代表出生日期的数字并将其转换成日期格式，如图2-94所示。

> **注意事项**
>
> 公式中的"--"是为了将TEXT提取出的文本型数字转换成真正的数字。"0-00-00"是想要转换成的日期代码。

	A	B	C	D	E
1	姓名	身份证号码	性别	出生日期	
2	小王	3203211990050633██	女	1990/5/6	
3	小赵	3336561995120665██	男	1995/12/6	
4	小刘	1122331993081188██	男	1993/8/11	
5	小明	6536561985122516██	女	1985/12/25	
6					

D2 公式：=--TEXT(MID(B2,7,8),"0-00-00")

图2-94

拓展练习：制作工作服统计表

▶扫一扫 看视频◀

本章主要对公式与函数的基础知识以及一些常用函数的使用方法进行了讲解，下面将利用所学知识制作一份工作服统计表。

先在工作表中制作出基础表，本例需要制作两张基础表，分别保存在"工作服统计表"和"工作服尺码参考表"这两张工作表中，如图2-95、图2-96所示。

	A	B	C	D	E	F	G
1	工号	学生姓名	部门	身高 (cm)	工作服尺码	是否需要劳保鞋	电话号码
2	1010101	张坂	1车间	191			158████
3	1010102	刘威	1车间	158			132████
4	1010103	李岩松	品检部	175			158████
5	1010104	申小青	品检部	182			155████
6	1010105	郑子龙	品检部	178			152████
7	1010106	刘慧敏	2车间	163			158████
8	1010107	周丽	3车间	175			132████

工作服统计表　工作服尺码参考表

图2-95

	A	B	C
1	身高范围	参考身高 (cm)	参考尺码
2	145≤身高<160	145	XS
3	160≤身高<165	160	S
4	165≤身高<170	165	M
5	170≤身高<175	170	L
6	175≤身高<180	175	XL
7	180≤身高<185	180	XXL
8	185≤身高<190	185	XXXL
9	190≤身高<195	190	XXXXL

工作服统计表　工作服尺码参考表

图2-96

Step 01 选择E2单元格，输入公式"=VLOOKUP(D2,工作服尺码参考表!$B$2:$C$9,2,TRUE)"，随后按Enter键返回当前身高的对应工作服尺码，如图2-97所示。

Step 02 再次选中E2单元格，向下方拖动填充柄，从"工作服尺码参考表"中查询出所有员工的工作服尺码，如图2-98所示。

=VLOOKUP(D2,工作服尺码参考表!$B$2:$C$9,2,TRUE)

D	E	F	G	H
身高 (cm)	工作服尺码	是否需要劳保鞋	电话号码	
191	=VLOOKUP(D2,工作服尺码参考表!$B$2:$C$9,2,TRUE)			
158			132████	
175			158████	
182			155████	
178			152████	
163			158████	
175			132████	

图2-97

=VLOOKUP(D2,工作服尺码参考表!$B$2:$C$9,2,TRUE)

D	E	F	G
身高 (cm)	工作服尺码	是否需要劳保鞋	电话号码
191	XXXXL		158████
158	XS		132████
175	XL		158████
182	XXL		155████
178	XL		152████
163	S		158████
175	XL		132████

图2-98

Step 03 选择F2单元格，输入公式 "=IF(RIGHT(C2,2)="车间","是","")"，按Enter键返回结果后再次选中F2单元格，将光标放在单元格右下角，光标变成黑色的十字形状时双击鼠标，如图2-99所示。

Step 04 公式随即被自动填充到下方具有相同计算规律的单元格中，该公式先判断部门是否为车间，是车间则需要劳保鞋，公式返回 "是"，否则公式返回空值。如图2-100所示。

部门	身高（cm）	工作服尺码	是否需要劳保鞋	电话号码
1车间	191	XXXXL	是	158...
1车间	158	XS		132...
品检部	175	XL		158...
品检部	182	XXL		155...
品检部	178	XL		152...
2车间	163	S		158...
3车间	175	XL		132...

图2-99

部门	身高（cm）	工作服尺码	是否需要劳保鞋	电话号码
1车间	191	XXXXL	是	158...
1车间	158	XS	是	132...
品检部	175	XL		158...
品检部	182	XXL		155...
品检部	178	XL		152...
2车间	163	S	是	158...
3车间	175	XL	是	132...

图2-100

Step 05 在H2单元格中输入公式 "=TEXT(G2,"000 000 00000")"，随后将公式向下方填充，将G列中的电话号码分段显示，如图2-101所示。

Step 06 保持H2:H8单元格区域为选中状态，按Ctrl+C组合键进行复制，如图2-102所示。

Step 07 选择G2单元格，在G2单元格上方右击，在弹出的菜单中选择 "值" 粘贴方式，如图2-103所示。

身高（cm）	工作服尺码	是否需要劳保鞋	电话号码	
191	XXXXL	是	158...	158...
158	XS	是	132...	132...
175	XL		158...	158...
182	XXL		155...	155...
178	XL		152...	152...
163	S	是	158...	158...
175	XL	是	132...	132...

图2-101

图2-102

图2-103

Step 08 最后删除H列中的辅助内容，至此工作服统计表制作完成，如图2-104所示。

工号	学生姓名	部门	身高（cm）	工作服尺码	是否需要劳保鞋	电话号码	
1010101	张坂	1车间	191	XXXXL	是	158...	
1010102	刘威	1车间	158	XS	是	132...	
1010103	李岩松	品检部	175	XL		158...	
1010104	申小青	品检部	182	XXL		155...	
1010105	郑子龙	品检部	178	XL		152...	
1010106	刘慧敏	2车间	163	S	是	158...	
1010107	周丽	3车间	175	XL	是	132...	

图2-104

知识总结：用思维导图学习数据分析

　　公式与函数的学习思维导图如下图所示。用户可参照思维导图整理学习思路，回顾所学知识，提高学习效率。

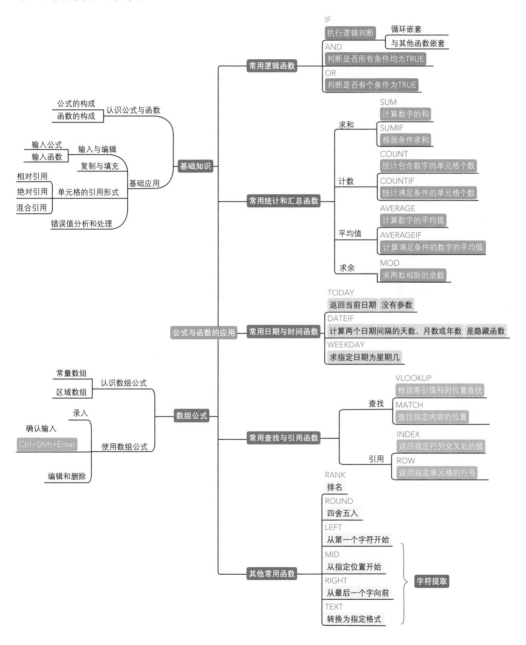

第 3 章

掌握日常数据分析与管理技能

Excel的作用除了记录数据之外，最大的功能便是数据统计和分析。用于数据分析的功能很多，例如排序、筛选、条件格式、分类汇总、合并计算等，本章将对这些常用数据分析功能的使用方法进行详细介绍。

3.1 轻松排序表格中的数据

排序可以让数据按照一定规律进行重新排列, 对数据的整理和分析有着很重要的作用。排序的方法有很多种, 用户可根据数据的类型以及实际需要选择使用哪种排序方法。

3.1.1　执行升序或降序操作

排序按钮保存在 "数据" 选项卡中的 "排序和筛选" 组中, 如图3-1所示。"升序" 可将数据按照从低到高的顺序进行排序, "降序" 则是将数据按照从高到低的顺序排序。

升序, 从低到高排序

降序, 从高到低排序

图3-1

例如, 将商品销售表中的 "订购数量" 按照从低到高的顺序进行排序。操作方法如下: 选中 "订购数量" 列中任意一个包含数据的单元格, 单击 "升序" 按钮, 即可将该列中的所有数字按照从低到高的顺序进行重新排序, 如图3-2所示。

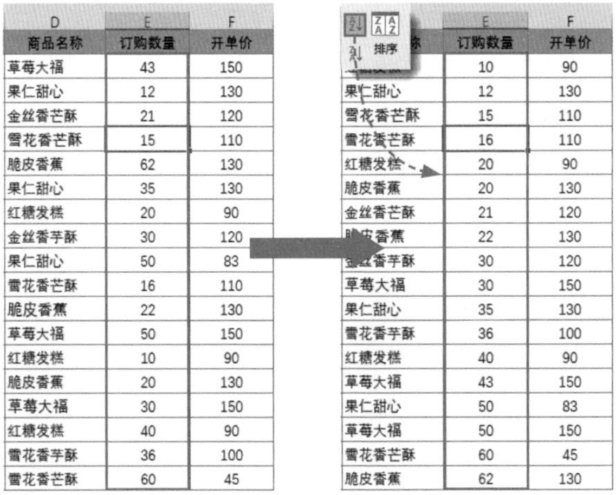

商品名称	订购数量	开单价
草莓大福	43	150
果仁甜心	12	130
金丝香芒酥	21	120
雪皮香芒酥	15	110
脆皮香蕉	62	130
果仁甜心	35	130
红糖发糕	20	90
金丝香芋酥	30	120
果仁甜心	50	83
雪花香芒酥	16	110
脆皮香蕉	22	130
草莓大福	50	150
红糖发糕	10	90
脆皮香蕉	20	130
草莓大福	30	150
红糖发糕	40	90
雪花香芋酥	36	100
雪花香芒酥	60	45

	订购数量	开单价
	10	90
果仁甜心	12	130
雪花香芒酥	15	110
雪花香芒酥	16	110
红糖发糕	20	90
脆皮香蕉	20	130
金丝香芒酥	21	120
脆皮香蕉	22	130
金丝香芋酥	30	120
草莓大福	30	150
果仁甜心	35	130
雪花香芒酥	36	100
红糖发糕	40	90
草莓大福	43	150
果仁甜心	50	83
草莓大福	50	150
雪花香芒酥	60	45
脆皮香蕉	62	130

图3-2

3.1.2　多个字段同时排序

▶扫一扫　看视频◀

当需要对多列中的数据同时排序时, 可以通过 "排序" 对话框来操作。例如, 同时对 "订货日期" 和 "订购数量" 进行不同方式的排序。选中数据表中包含内容的任意一个单元格。在 "数据选项卡" 中的 "排序和筛选" 组中单击 "排序" 按钮。打开 "排序" 对话框, 先设置主要关键字为 "订货日期", 排序次序为 "升序", 然后单击 "添加条件" 按钮, 添加一个 "次要关键字", 设置次要关键字为 "订购数量", 排序次数为 "降序", 最后单击 "确定" 按钮, 如图3-3所示。

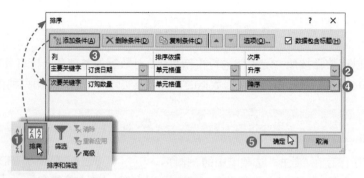

图3-3

操作完毕后，数据表中的"订货日期"已经进行了升序排序，当订货日期相同时，"订购数量"按降序排序，如图3-4所示。

	A	B	C	D	E	F	G	H
1	序号	订货日期	客户名称	商品名称	订购数量	开单价	总金额	
2	1	2021/11/1	幸福食品	草莓大福	43	150	6450	
3	2	2021/11/1	呈祥副食	果仁甜心	12	130	1560	
4	3	2021/11/3	幸福食品	金丝酱芒酥	21	120	2520	
5	5	2021/11/4	源味斋	脆皮酱薯	62			
6	4	2021/11/4	蓝海饭店	雪花酱芒酥	15			
7	6	2021/11/5	幸福食品	果仁甜心	35			
8	7	2021/11/7	源味斋	红糖发糕	20	90	1800	
9	8	2021/11/8	呈祥副食	金丝酱芋酥	30	120	3600	
10	9	2021/11/10	源味斋	果仁甜心	50	83	4150	
11	10	2021/11/10	呈祥副食	雪花酱芒酥	16	110	1760	
12	12	2021/11/11	源味斋	草莓大福	50	150	7500	
13	11	2021/11/11	蓝海饭店	脆皮酱薯	22	130	2860	

> 订货日期按升序排序

> 日期相同时，订购数量按降序排序

图3-4

3.1.3 根据不同要求排序

Excel表格默认的排序依据是单元格值（即默认对单元格中的值进行排序），用户也可以修改排序依据，根据单元格颜色、字体颜色或条件格式图标进行排序。除此之外，还可按行排序、按笔画排序等。

（1）设置排序依据

在"排序"对话框中单击"排序依据"下拉按钮，在展开的列表中可设置排序依据，如图3-5所示。例如，设置排序依据为"字体颜色"，当要排序的字段中包含多种颜色时，还需要选择颜色的显示次序，如图3-6所示。

图3-5

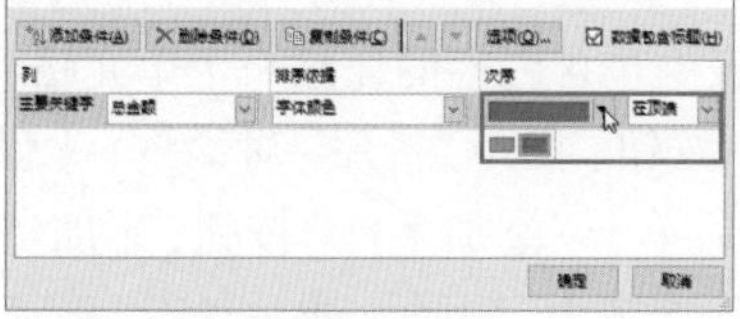

图3-6

（2）更多排序选项

在"排序"对话框中单击"选项"按钮，在弹出的"排序选项"对话框中可以更改排序的方向，或将文本排序方式更改为按笔画排序，如图3-7所示。

图3-7

（注："笔划"的推荐词形为"笔画"。）

3.1.4 让最顶端的数据不参与排序

数据表最顶端的数据通常是标题行，默认情况下顶端标题行不会参与排序，若发现顶端标题行参与了排序，需要在"排序"对话框中检查"数据包含标题"复选框是否被勾选，如图3-8所示。要让最顶端的数据不参与排序，需取消"数据包含标题"复选框的勾选。

图3-8

3.1.5 自定义排序

自定义排序即按照自己定义的序列排序，打开"排序"对话框，设置好要排序的字段以及排序依据，选择排序的次序为"自定义序列"，系统随即弹出"自定义序列"对话框，输入自定义的序列，单击"确定"按钮完成自定义序列的操作，如图3-9所示。

图3-9

返回到"排序"对话框，单击"确定"按钮。指定字段即可按照自定义的序列进行排序，如图3-10所示。

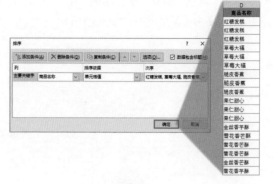

图3-10

3.2 快速筛选指定数据

筛选可以过滤不符合条件的数据，缩小数据范围，是十分重要的数据分析功能。

3.2.1 启用筛选

选中数据区域内的任意一个单元格，在"数据"选项卡中的"排序和筛选"组内单击"筛选"按钮，即可对当前数据表启用筛选。启用筛选后，标题行中每个单元格右下角都会出现一个下拉按钮，如图3-11所示。单击任意下拉按钮，可展开当前字段的筛选器，利用筛选器中提供的选项即可执行相应的筛选操作，如图3-12所示。

图3-11

图3-12

📖 **知识点拨**

用户也可使用快捷键"Ctrl+Shift+L"快速启用筛选。若筛选工作完毕可再次单击"筛选"按钮，或按"Ctrl+Shift+L"组合键退出筛选模式。

3.2.2 快速筛选指定数据方法

单击需要筛选的字段下拉按钮，打开筛选器，在搜索框中输入关键字，如图3-13所示，或直接勾选需要筛选的字段，如图3-14所示，都可以快速筛选出目标数据。

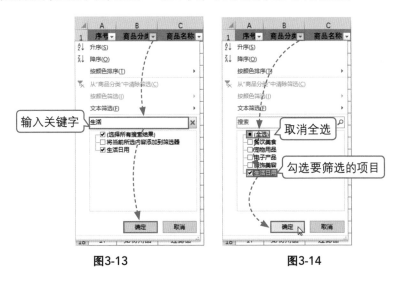

图3-13　　　　　　　　　　　　　图3-14

3.2.3 根据数据类型选择筛选方式

Excel根据数据的类型提供相应的筛选工具，当数据类型不同时筛选器中出现的选项也有所差别。用户需要根据数据的类型以及筛选器中提供的选项，选择合适的筛选方式，如图3-15~图3-17所示。

图3-15　　　　　　　　　图3-16　　　　　　　　　图3-17

下面以筛选"日常价格"介于"500"和"1000"之间的数据为例，介绍筛选的具体操作方法。

单击"日常价格"筛选按钮，打开筛选器，将光标移动到"数字筛选"选项上方，在展开的下级菜单中选择"介于"选项,如图3-18所示。

　　系统随即弹出"自定义自动筛选方式"对话框,分别设置大于或等于"500",小于或等于"1000",然后单击"确定"按钮,数据表中随即筛选出日常价格介于500~1000的所有数据,如图3-19所示。

图3-18

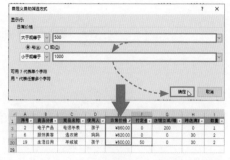

图3-19

3.2.4　在受保护的工作表中进行筛选

　　保护工作表可以限制用户的编辑能力,防止他人对数据表中的内容进行更改。在保护工作表时也可保留一些功能的使用权利,例如在受保护的工作表中执行筛选。

　　打开"审阅"选项卡,在"更改"组中单击"保护工作表"按钮,在弹出的"保护工作表"对话框中勾选"使用自动筛选"复选框,最后单击"确定"按钮,即可完成操作,如图3-20所示。

　　此后在该工作表中除了选择单元格以及执行筛选外,进行其他操作时都会被终止,并弹出警告对话框,如图3-21所示。

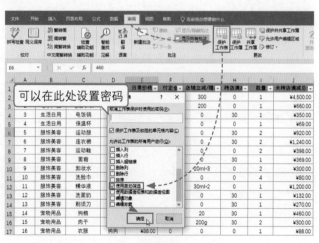

图3-20

图3-21

再次单击"保护工作表"按钮可取消工作表保护。若在保护工作表时设置了密码，单击"保护工作表"按钮后需要正确输入密码才能取消工作表保护。

3.2.5　清除筛选

执行过筛选的字段，其筛选按钮会变成""样式。若要清除该字段的筛选，可以单击筛选按钮，打开筛选器，选择从当前字段中清除筛选即可，如图3-22所示。若数据表中对多个字段执行了筛选，可在"数据"选项卡中的"排序和筛选"组内单击"清除"按钮，清除所有筛选，如图3-23所示。

图3-22 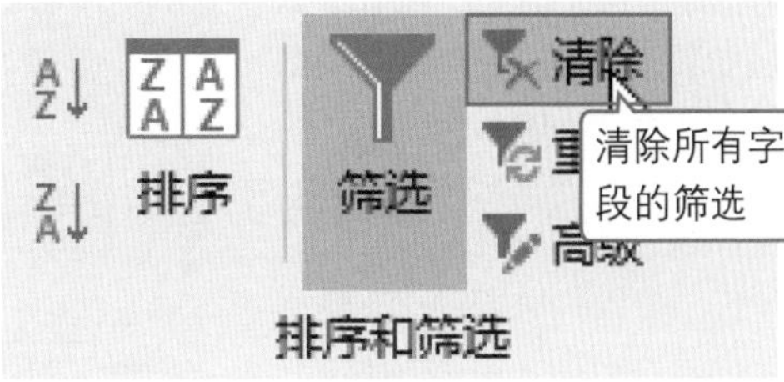　　　　　　　　　　　　　　　图3-23

3.3　完成复杂条件下的筛选

当筛选条件比较复杂，使用常规筛选无法完成时，可以使用"高级筛选"功能进行筛选。

3.3.1　高级筛选的条件设置原则

高级筛选能够根据复杂的条件筛选数据，而且筛选的方法更为开放和自由。用户一旦掌握了高级筛选的应用规律，便会发现其实它比常规筛选更好用。

高级筛选的前提是设置筛选条件。条件区域由标题和条件两个部分组成，缺一不可，如图3-24所示。

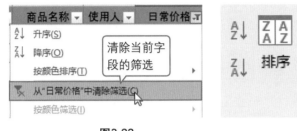

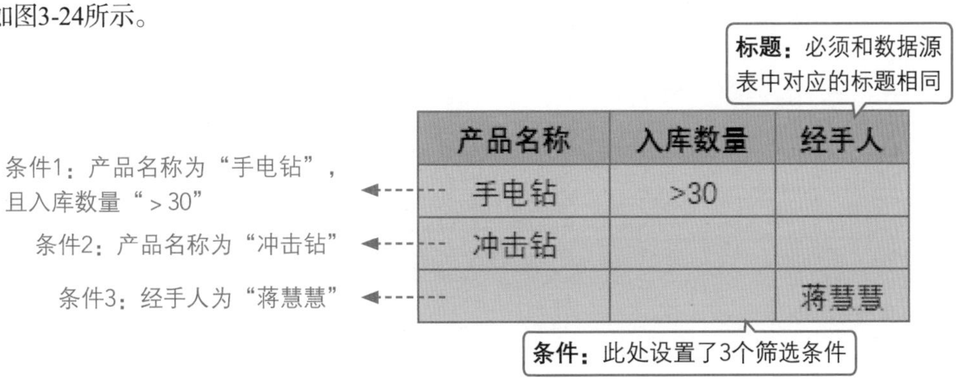

标题：必须和数据源表中对应的标题相同

条件1：产品名称为"手电钻"，且入库数量"＞30"
条件2：产品名称为"冲击钻"
条件3：经手人为"蒋慧慧"

产品名称	入库数量	经手人
手电钻	>30	
冲击钻		
		蒋慧慧

条件：此处设置了3个筛选条件

图3-24

3.3.2 执行高级筛选

设置好筛选条件后便可执行高级筛选了,具体操作方法如下。

选中数据区域中的任意一个单元格,打开"数据"选项卡,在"排序和筛选"组中单击"高级"按钮,打开"高级筛选"对话框,设置好"列表区域"和"条件区域",然后单击"确定"按钮,数据区域中符合筛选条件的记录即可被筛选出来,如图3-25所示。

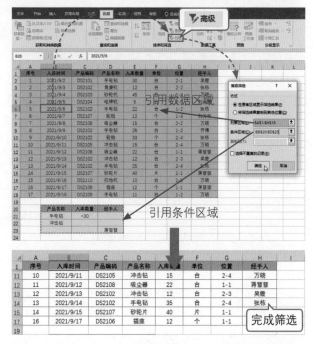

图3-25

3.3.3 筛选不重复值

当数据源中包含重复的项目时也可使用高级筛选功能获取不重复的记录,具体操作方法如下。

选择数据区域中的任意一个单元格,在"数据"选项卡中单击"高级"按钮,如图3-26所示。打开"高级筛选"对话框,"列表区域"和"条件区域"都引用数据源区域,接着勾选"选择不重复的记录"复选框,最后单击"确定"按钮,如图3-27所示。

图3-26   图3-27

数据源中随即筛选出不重复的记录,如图3-28所示。

	A	B	C	D	E	F	G
1	学生姓名	是否从外地返回	核酸检测	检测日期	健康码颜色	现居地址	联系方式
2	宋晓艺	否	阴性	2021/8/22	绿色	xxx省xx市xx街道1号	139xxxx2387
3	刘青青	否	阴性	2021/8/22	绿色	xxx省xx市xx街道2号	139xxxx2388
4	杨若曦	否	阴性	2021/8/24	绿色	xxx省xx市xx街道6号	139xxxx2392
5	李菲儿	否	阴性	2021/8/23	绿色	xxx省xx市xx街道3号	139xxxx2389
6	周木槿	否	阴性	2021/8/25	绿色	xxx省xx市xx街道4号	139xxxx2390
7	任苗苗	否	阴性	2021/8/22	绿色	xxx省xx市xx街道5号	139xxxx2391
9	陈子轩	是	阴性	2021/8/23	黄色	xxx省xx市xx街道7号	139xxxx2393
10	蒋庆彪	否	阴性	2021/8/25	绿色	xxx省xx市xx街道8号	139xxxx2394
11	郑思淼	否	阴性	2021/8/26	绿色	xxx省xx市xx街道9号	139xxxx2395
12	郭鸿宇	否	阴性	2021/8/24	绿色	xxx省xx市xx街道10号	139xxxx2396

图3-28

3.3.4 在其他区域显示筛选结果

高级筛选的筛选结果默认在原区域显示,用户也可选择在指定区域显示筛选结果。这需要在"高级筛选"对话框中选择"将筛选结果复制到其他位置"单选按钮,然后在"复制到"文本框中引用放置筛选结果的首个单元格地址,如图3-29所示。单击"确定"按钮后即可在目标位置显示筛选结果。

图3-29

3.4 察"颜"观"色"完成数据分析

分析数据时如果使用颜色或图标呈现数据之间的差异或趋势将会是非常直观的。Excel中这项数据分析工具叫作"条件格式",其规则包括突出显示单元格规则、最前/最后规则、数据条、色阶和图标集,如图3-30所示。

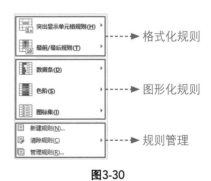

图3-30

3.4.1 突出显示符合条件的单元格

突出显示单元格规则有7种,包括大于、小于、介于、等于、文本包含、发生日期、重复值。下面将利用"突出显示单元格规则"突出显示装修项目中所有墙面施工项目。

选择需要应用条件格式的单元格区域，打开"开始"选项卡，在"样式"组中单击"条件格式"下拉按钮，在展开的列表中选择"突出显示单元格规则"选项，在其下级列表中选择"文本包含"选项，如图3-31所示。

系统随即弹出"文本中包含"对话框，输入关键字"墙面"，设置单元格格式为"黄填充色深黄色文本"，如

图3-31

图3-32所示，然后单击"确定"按钮。设置完成后所选区域中包含"墙面"的单元格随即按照指定的格式被突出显示，如图3-33所示。

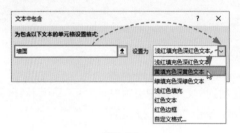

图3-32

图3-33

3.4.2　突出显示金额最高的 3 个值

利用"最前/最后规则"可突出显示高于或低于指定区间的数值，例如突出显示数据区域中金额最高的3个值。

选择好金额所在单元格区域，在"开始"选项卡中单击"条件格式"下拉按钮，选择"最前/最后规则"选项，在其下级列表中选择"前10项"选项，如图3-34所示。打开"前10项"对话框，在微调框中输入"3"，选择好单元格样式，单击"确定"按钮，所选区域中前3项大的数值随即被突出显示出来，如图3-35所示。

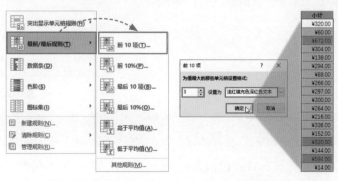

图3-34　　　　　　　　　　　　　　　图3-35

除了使用内置的样式突出显示符合条件的值,用户也可以自定义格式。在格式选项下拉列表中选择最下方的"自定义格式"选项,如图3-36所示,接下来会弹出"设置单元格格式"对话框,在该对话框中设置需要的单元格格式即可。

图3-36

3.4.3 使用数据条显示数值大小

数据条用带颜色的条形表现数值的大小,一组数据中数字越大,数据条越长,所以使用数据条可以直观比较一组数值的大小。

数据条分为"渐变填充"和"实心填充"两种效果,共包含12种样式,如图3-37所示。在需要使用的数据条样式上方单击,所选区域中的数值即可应用该样式的数据条,如图3-38所示。

图3-37

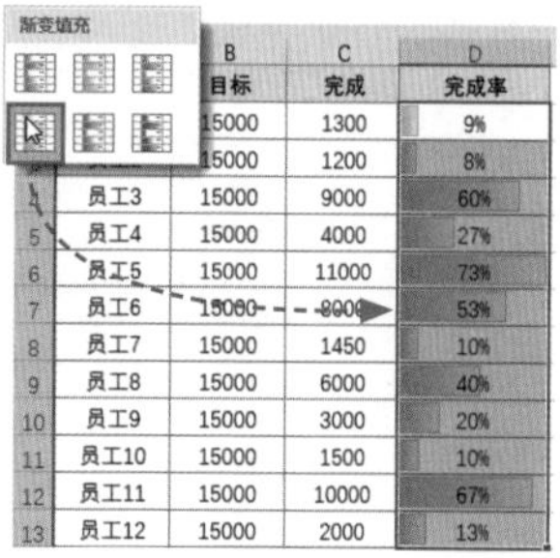

图3-38

3.4.4 制作销量对比旋风图

"旋风图"是以数据条为基础,加以编辑得到的效果。下面以两年的销售数据为基础数据创建"旋风图"。

▶扫一扫 看视频◀

分别为2020年和2021年的销售数据应用不同颜色的数据条,如图3-39所示。随后选中2020年的数据条,在"条件格式"下拉列表中选择"管理规则"选项,如图3-40所示。

在弹出的"条件格式规则管理器"对话框中单击"编辑规则"按钮,如图3-41所示。打开

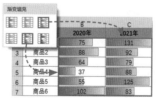

图3-39

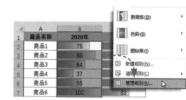

图3-40

图3-41

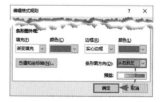

图3-42

"编辑格式规则"对话框,设置条形图方向为"从右到左",如图3-42所示。

完成上述操作后，2020年的条形图已经改变方向，此时旋风图的基本雏形已经出现了，如图3-43所示。但是，如果仔细观察会发现，两列数据中最大值的数据条都占满了整个单元格，这是由于两个系列对比的是各自的百分比，若要更精确地反映两组数值的大小，还需要统一两个系列的取值范围。

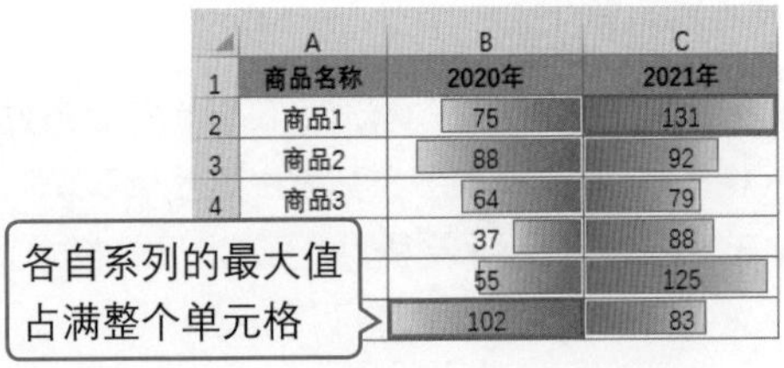

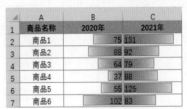

图3-43

分别对2020年和2021年两组数据的格式规则进行编辑，将取值范围统一设置为“数字”类型，最小值为“0”，最大值为“150”，如图3-44所示。最后重新调整两组数值的对齐方式，至此完成“旋风图”的制作，如图3-45所示。

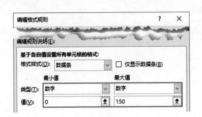

图3-44

	A	B	C
1	商品名称	2020年	2021年
2	商品1	75	131
3	商品2	88	92
4	商品3	64	79
5	商品4	37	88
6	商品5	55	125
7	商品6	102	83

图3-45

3.4.5 用颜色显示数据集中趋势

色阶用颜色的深浅、色调的冷暖来表达数值的大小。色阶的设置规则相比其他几种条件格式更为简单。

用户在选择色阶时应遵循数据的特性，例如用颜色的深浅可以表示某种元素含量的高低，含量越高颜色越深，含量越低颜色越浅，如图3-46所示。另外红色通常用来表示危险的信号，绿色表示安全的信号，那么危险指数越高颜色越红，安全指数越高颜色越绿。

	A	B	C
1	食物	重量/g	脂肪
2	鸡肉	100	0.2
3	牛肉	100	0.8
4	虾仁	100	1.4
5	鸡蛋	100	1.6
6	花生	100	1.9
7	牛奶	100	3.6
8	鲤鱼	100	5.8
9	蘑菇	100	10.2
10	猪肉	100	15
11	大米	100	18.8

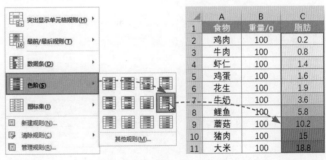

图3-46

3.4.6 自定义色阶的渐变颜色

除了使用内置的色阶，用户也可以自定义色阶各个值点的颜色，如图3-47所示。选择应用了色阶的单元格区域，在“条件格式”下拉列表中选择“管理规则”选项，打开“条件格式

规则管理器"对话框,单击"编辑规则"按钮,在弹出的"编辑格式规则"对话框中设置"最小值"和"最大值"颜色即可完成色阶的自定义,如图3-48所示。

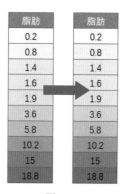

图3-47

图3-48

 若是三色色阶,则有最小值、中间值和最大值三个颜色选项,如图3-49所示。

图3-49

3.4.7 使用图标展示数据

图标集以各类图标展示单元格中的值,Excel包含方向、形状、标记以及等级4种类型的图标,如图3-50所示。单击图标即可为所选区域中的值应用该图标,如图3-51所示。

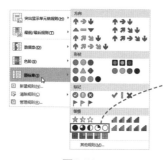

图3-50

	A	B	C	D
1	渠道	咨询量	成交量	转化率
2	百度推广	2655	220	○ 8%
3	今日头条	5550	873	○ 16%
4	线下派单	4530	990	○ 22%
5	抖音视频	1995	630	◔ 32%
6	QQ群	2520	1120	◑ 44%
7	公众号推文	2655	1600	◕ 60%
8	微信群	3150	2500	● 79%

图3-51

3.4.8 重新分配图标的取值范围

图标默认的取值范围是以数据区域内的最小值和最大值作为两个端点,按照图标的数量平均划分的。有时候会出现实际数值和图标不匹配的情况,如图3-52所示。这是由图标的默认取值范围决定的,若要获得更高的匹配度,需要根据数值的实际情况调整图标的取值范围。

通过"条件格式"下拉列表中的"管理规则"选项打开"编辑格式规则"对话框，更改值的"类型"以及每个图标对应的分界"值"，如图3-53所示。

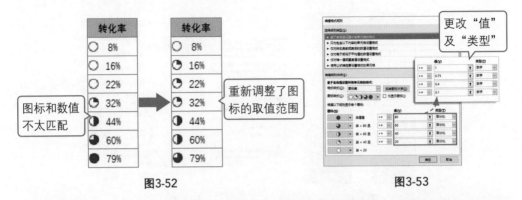

图3-52   图3-53

3.4.9 隐藏数值只显示图标

应用了条件格式的区域，可将数值隐藏，只保留格式或图标，如图3-54所示。隐藏数值，只需要在"编辑格式规则"对话框中勾选"仅显示图标"复选框即可，如图3-55所示。

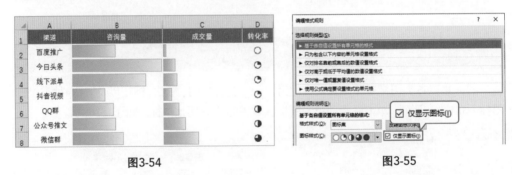

图3-54   图3-55

3.5 数据分类汇总

分类汇总可以对同一种类型的数据进行快速计算，是数据处理的重要功能之一。下面将对分类汇总的方法进行详细介绍。

3.5.1 单字段分类汇总

所谓单字段分类汇总，即只对一个标题下的数据进行分类，然后按指定的汇总方式进行计算。

下面将对购物清单中的"是否必买"字段进行分类汇总。分类汇总之前必须先对分类

▶扫一扫 看视频◀

字段进行排序，将同类数据集中在一个区域显示，如图3-56所示。然后在"数据"选项卡中的"分级显示"组内单击"分类汇总"按钮，打开"分类汇总"对话框，设置好分类字段、汇总方式以及选定汇总项，最后单击"确定"按钮，如图3-57所示。

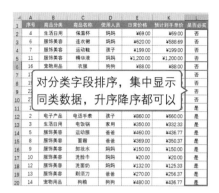

对分类字段排序，集中显示同类数据，升序降序都可以

图3-56

图3-57

数据表中的数据随即根据要求自动完成分类汇总，如图3-58所示。

分级显示按钮：
1：折叠明细和分类汇总，只显示总计
2：折叠明细，显示分类汇总和总计
3：显示所有明细、分类汇总和总计（当前界面）

分类字段

汇总项

图3-58

📖 知识点拨

一个分类字段可以选择多个汇总项，只需在"分类汇总"对话框中勾选要汇总的项目即可，如图3-59所示。

图3-59

85

3.5.2　多字段分类汇总

多字段分类汇总，顾名思义，即同时对多个字段进行分类汇总。多字段分类汇总和单字段分类汇总的操作方法类似，只需要根据分类字段的数量进行重复操作即可。

多字段分类汇总同样要先对分类字段排序，可使用"排序"对话框排序，如图3-60所示。先执行第一次分类汇总，在"分类汇总"对话框中设置好分类字段、汇总方式以及选定汇总项，如图3-61所示。然后再执行第二个字段的分类汇总，这次需要取消勾选"替换当前分类汇总"复选框，否则第二次分类汇总会覆盖之前的分类汇总，如图3-62所示。

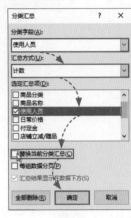

图3-60　　　　　　　　　图3-61　　　　　　　　图3-62

多字段分类汇总效果如图3-63所示。

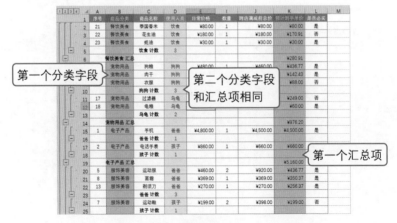

图3-63

3.5.3　复制分类汇总结果

直接复制分类汇总结果时，被隐藏的明细数据也会一同被复制，如图3-64所示。

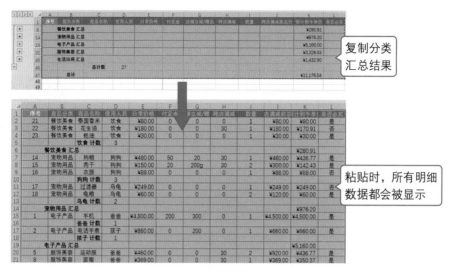

图3-64

若要去除明细数据，只复制分类汇总结果，需要使用定位条件功能，定位可见单元格，然后再复制。

选择分类汇总结果区域，按Ctrl+G组合键，打开"定位"对话框，单击"定位条件"按钮，如图3-65所示。弹出"定位条件"对话框，选中"可见单元格"单选按钮，然后单击"确定"按钮，如图3-66所示。此时所选区域中的可见单元格已经被定位，接下来再执行复制粘贴操作，明细数据将不会被复制。

图3-65　　　　　　　图3-66

3.5.4　清除分类汇总

打开"分类汇总"对话框，单击左下角的"全部删除"按钮即可清除分类汇总，如图3-67所示。

图3-67

3.6 多表合并计算

利用合并计算功能可以将多个表格中的数据合并到主工作表中。待计算的数据表可以和主工作表在同一工作簿中，也可以在不同的工作簿中。

3.6.1 同一工作簿中的多表合并计算

下面先介绍如何对同一工作簿中的多个表格进行合并计算。本例中1~3月的童装销售数据分别保存在1月、2月、3月工作表中，每月销售的商品数量和品名都有差别，如图3-68所示。

图3-68

首先，打开"1季度汇总"工作表，选择盛放合并计算结果的起始单元格。打开"数据"选项卡，在"数据工具"组中单击"合并计算"按钮，打开"合并计算"对话框，使用默认的"求和"函数，然后添加1月的销售数据，如图3-69所示。

图3-69

参照上述步骤继续在"合并计算"对话框中添加其他需要参与合并计算的区域。添加所有区域后勾选"首行"和"最左列"复选框，单击"确定"按钮，如图3-70所示。

图3-70

图3-71

汇总表中随即完成合并计算，此时合并区域的左上角单元格内没有内容，用户需要手动输入该内容，最后适当对表格进行美化即可，如图3-71所示。

知识点拨

　　当需要对不同工作簿中的数据表进行合并计算时,需要提前打开这些工作簿,在"合并计算"对话框中依次从这些工作簿中引用指定的区域即可。

3.6.2　选择合并计算的函数

　　合并计算默认使用的计算方式是"求和",用户也可根据需要更改计算方式。在"合并计算"对话框中单击"函数"下拉按钮,可以查看到所有计算方式,从中选择则需要的计算方式即可,如图3-72所示。

图3-72

3.6.3　让合并计算结果与数据源产生链接

　　在"合并计算"对话框中勾选"创建指向源数据的链接"复选框,则合并计算结果会根据数据源的变化自动更新,如图3-73所示。

图3-73

注意事项　　开启"创建指向数据源的链接"功能时,合并计算结果不能和数据源处于同一个工作表内,否则无法完成合并计算,并弹出警告对话框,如图3-74所示。

图3-74

拓展练习:分析发货明细表

▶扫一扫　看视频◀

　　本章主要介绍了排序、筛选、条件格式、分类汇总以及合并计算的应用,下面将使用所学知识对发货明细表中的数据进行分析。
　　具体要求如下。
　　① 删除发货明细表中的重复数据。
　　② 查看所有"儿童"产品的信息。
　　③ 查看2021/11/10至2021/11/20之间的发货信息。

④ 对各类产品的总金额进行汇总。

⑤ 复制分类汇总结果。

⑥ 用数据条展示汇总金额。

具体操作过程如下。

Step 01 选择数据表中的任意单元格，打开"数据"选项卡，在"排序和筛选"组中单击"高级"按钮，如图3-75所示。

Step 02 打开"高级筛选"对话框，选中"将筛选结果复制到其他位置"单选按钮，在"列表区域"和"条件区域"文本框中都引用数据源所在区域，在"复制到"文本框中引用当前数据表中的A31单元格，勾选"选择不重复的记录"复选框，最后单击"确定"按钮，如图3-76所示。

Step 03 此时不重复的数据源已经被粘贴到了原数据区域下方，选中原数据区域，将这些数据删除，如图3-77所示。至此完成删除发货明细表中重复数据的操作。

图3-75　　　　　　　　　　图3-76

Step 04 选中数据表中的任意一个单元格，在"数据"选项卡中的"排序和筛选"组内单击"筛选"按钮，为数据表创建筛选，如图3-78所示。

图3-77

图3-78

Step 05 单击"产品名称"筛选按钮，在筛选器中的"搜索"文本框中输入"儿童"，单击"确定"按钮，如图3-79所示。

Step 06 所有包含"儿童"的产品名称随即被筛选了出来，如图3-80所示。至此完成查看所有"儿童"产品信息的操作。

图3-79　　　　　　　　　　　图3-80

Step 07 再次单击"产品名称"筛选按钮,从筛选器中选择"从'产品名称'中清除筛选"选项,清除该字段的筛选,如图3-81所示。

Step 08 单击"发货时间"筛选按钮,在筛选器中选择"日期筛选",在其下级列表中选择"介于"选项,如图3-82所示。

图3-81

图3-82

Step 09 打开"自定义自动筛选方式"对话框,分别在上下两个文本框中输入"2021/11/10"和"2021/11/20",单击"确定"按钮,如图3-83所示。

Step 10 数据表中随即筛选出介于指定日期之间的发货信息,如图3-84所示。随后清除该字段的筛选。至此完成查看2021/11/10至2021/11/20之间发货信息的操作。

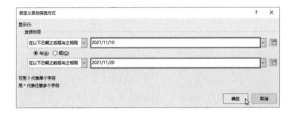

图3-83

图3-84

Step 11 选择"产品名称"列中任意包含数据的单元格,打开"数据"选项卡,在"排序和筛选"组中单击"降序"按钮,对该字段进行简单排序,如图3-85所示。

Step 12 在"数据"选项卡中的"分级显示"组中单击"分类汇总"按钮,打开"分类汇总"对话框。设置分类字段为"产品名称",汇总方式为"求和",选定汇总项为"总金额",单击"确定"按钮,如图3-86所示。

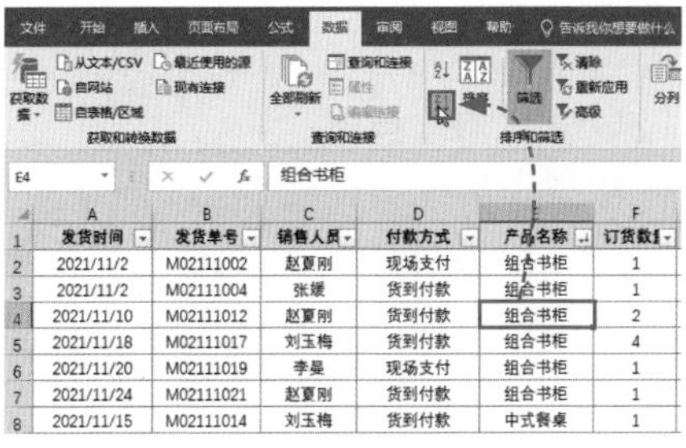

图3-85

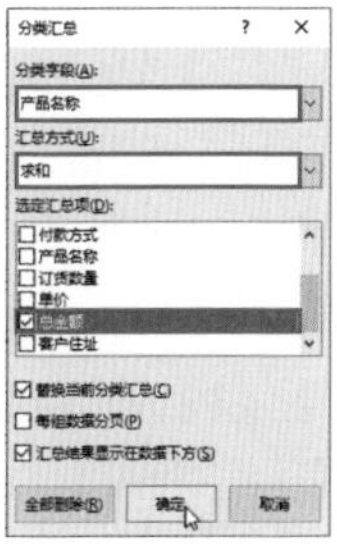

图3-86

Step 13 数据表中随即显示分类汇总结果，如图3-87所示。至此完成对各类产品的总金额进行汇总的操作。

Step 14 单击工作表左上角的"2"按钮，显示出所有分类汇总结果，选中需要复制的区域，如图3-88所示。

Step 15 按Ctrl+G组合键，打开"定位"对话框，单击"定位条件"按钮，如图3-89所示。

Step 16 在弹出的"定位条件"对话框中选择"可见单元格"单选按钮，单击"确定"按钮，如图3-90所示。

图3-87

图3-88　　　　　　图3-89

Step 17 保持之前选中的区域不变，按Ctrl+C组合键复制可见单元格，此时所选区域上方会出现滚动的绿色蚂蚁线，如图3-91所示。

Step 18 打开"Sheet2"工作表，按Ctrl+V组合键粘贴复制的内容。随后删除没用的单元格，适当调整表格格式，如图3-92所示。至此完成复制分类汇总结果的操作。

图3-90

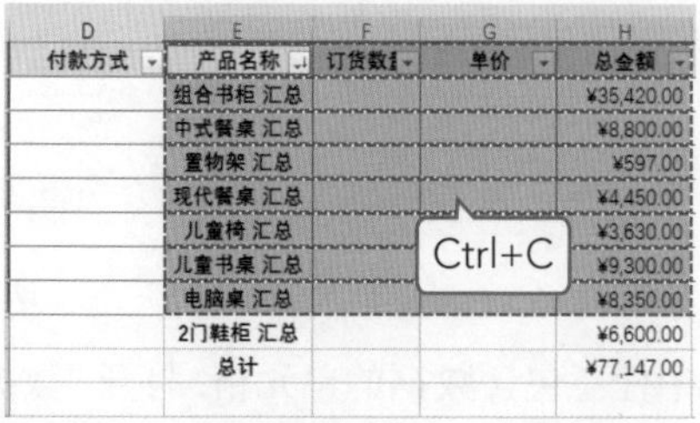

图3-91

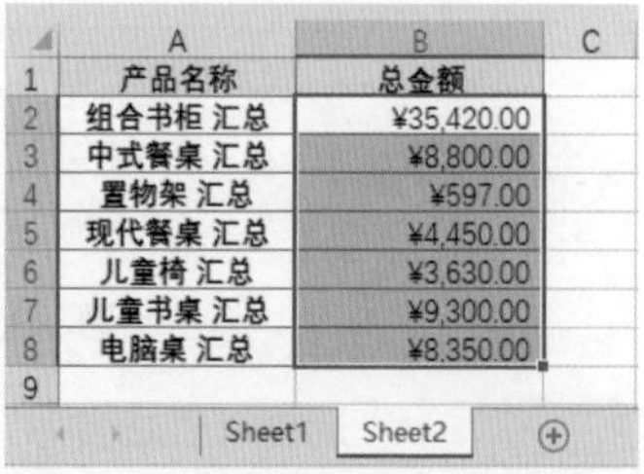

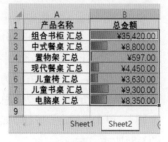

图3-92

Step 19 选中包含金额的单元格区域，打开"开始"选项卡，在"样式"组中单击"条件格式"下拉按钮，选择"数据条"选项，然后在其下级列表中选择一个满意的数据条样式，如图3-93所示。

Step 20 所选区域中随即被添加相应样式的数据条，如图3-94所示。至此完成用数据条展示汇总金额的操作。

图3-93　　　　　　图3-94

知识总结：用思维导图学习数据分析

结合本章所学知识，在此绘制出了数据分析的常规操作思路，读者可以尝试分别或综合使用这些Excel功能，实现知识的融会贯通。

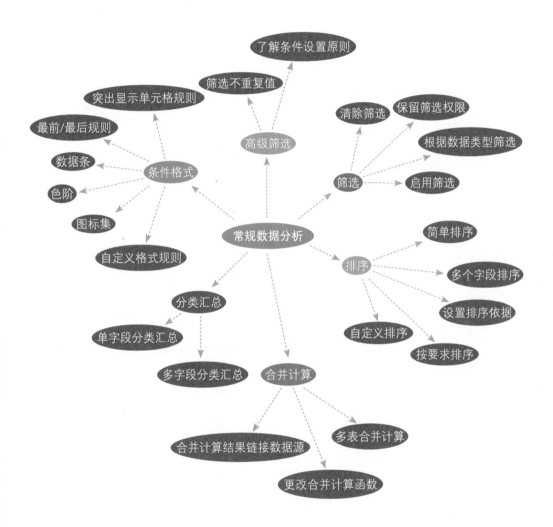

第 4 章

强大的多功能数据分析仪

数据透视表是一种交互式的表，它可以动态地改变版面布局，重新安排行号、列标以及页字段，以便按照不同方式分析数据。每次改变版面布置时，数据透视表会立即按照新的布置重新计算，为数据分析提供了很大的便利。

4.1 创建数据透视表

▶扫一扫 看视频◀

数据透视表的创建方法其实很简单，Excel提供了创建按钮，只需要点击按钮即可完成创建。另外，规范的数据源是创建数据透视表、实现准确数据分析的前提。下面将对数据源的要求以及创建数据透视表的具体方法进行详细介绍。

4.1.1 数据透视表对数据源的要求

不规范的数据源会给数据分析造成很大的影响，例如存在空白项、日期无法筛选或组合、无法得到正确的统计结果，甚至直接无法创建数据透视表等。

要想使用数据透视表高效完成数据分析，要从规范的数据源做起。数据透视表对数据源的要求包括以下5点。

① **不要合并单元格** 合并单元格其实只有第一个单元格中有内容，其他单元格均为空白，如图4-1所示。所以在创建数据透视表后便会出现对"空白"项的统计，从而导致统计结果错误，如图4-2所示。

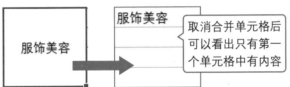

图4-1

3	行标签	求和项:支出金额
4	餐饮美食	302
5	服饰美容	20
6	其他费用	2105
7	生活日用	2079
8	学习教育	120
9	(空白)	660
10	总计	5286

图4-2

② **确保每列数据都有标题** 当数据源中缺少标题时，将无法创建数据透视表，并弹出警告对话框进行提醒，如图4-3所示。

③ **不要有空行或空列** 空行或空列会将数据源分割成多个区域。而创建数据透视表时，只默认选择活动单元格所在的区域，空行或空列容易造成数据源不全的情况，如图4-4所示。若手动选择区域，则数据透视表中会出现一些多余的"空白"项。

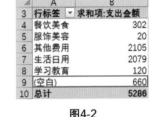

图4-3

> **注意事项** 活动单元格指正在使用的单元格，可以是选中的，也可以是正在编辑的。

图4-4

④ **日期格式要规范**　若数据源中的日期格式不规范, 则这些日期在数据透视表中不能按正常的顺序被排序, 也无法按日期进行分组, 如图4-5所示。

⑤ **值字段中不要使用文本型的数字**　文本型的数字出现在值区域中时将无法被显示和统计, 如图4-6所示。

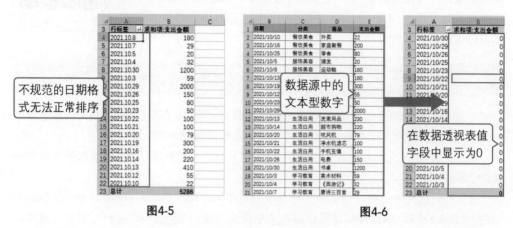

图4-5　　　　　　　　　　　　　　　　　　　　　图4-6

4.1.2　创建空白数据透视表

选择数据源中的任意一个单元格, 打开"插入"选项卡, 在"表格"组中单击"数据透视表"按钮, 打开"创建数据透视表"对话框, 此时"表/区域"文本框中默认引用数据源区域, 确认该区域无误后单击"确定"按钮, 如图4-7所示。

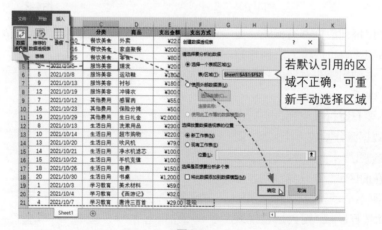

图4-7

工作簿中随即自动创建一张新工作表, 并在该工作表中创建空白数据透视表, 如图4-8所示。此时, 功能区中会出现"数据透视表工具"活动选项卡, 该活动选项卡中包含"分析"和"设计"两个选项卡。"分析"选项卡中包含的命令按钮主要用于数据分析,"设计"选项卡中的命令按钮则主要用于设置数据透视表的布局及外观。

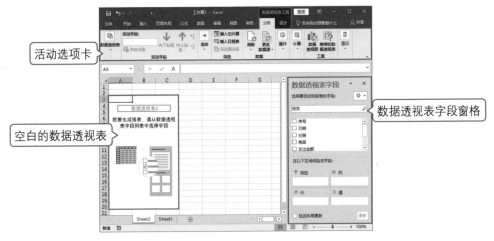

图4-8

活动选项卡

数据透视表字段窗格

空白的数据透视表

注意事项 "数据透视表字段"窗格和"数据透视表工具"活动选项卡只有在对数据透视表进行编辑或选中数据透视表中的某个单元格时才会显示。

📖 **知识点拨**

数据透视表默认创建在新工作表中，若要在指定位置创建数据透视表，需要在"创建数据透视表"对话框中选择"现有工作表"单选按钮，然后设置数据透视表的创建位置，如图4-9所示。

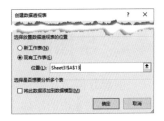

图4-9

4.1.3 创建系统推荐的数据透视表

系统会根据数据源中的数据类型为用户推荐合适的数据透视表布局，用户可根据系统的推荐快速创建数据透视表。

在"插入"选项卡中单击"推荐的数据透视表"按钮，打开"推荐的数据透视表"对话框，对话框左侧提供了多种数据透视表布局，选择一种需要的布局，单击"确定"按钮即可创建相应布局的数据透视表，如图4-10所示。

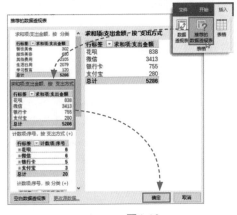

图4-10

4.1.4 同时创建数据透视表和数据透视图

数据透视图以图形的方式直观展示数据分析的结果，在创建数据透视表的时候也可同时创建数据透视图。

选中数据源中的任意一个单元格，在"插入"选项卡中的"图表"组内单击"数据透视图"按钮，打开"创建数据透视图"对话框，在"表/区域"文本框中引用数据源所在区域，单击"确定"按钮后即可创建空白的数据透视表和数据透视图。向数据透视表中添加字段后，数据透视图中会显示出相应图形系列，如图4-11所示。

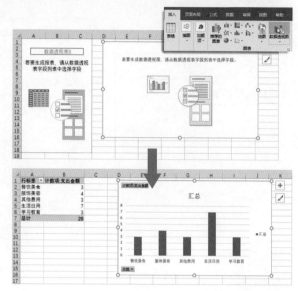

图4-11

4.2 字段的添加和显示

创建数据透视表后需要向其中添加字段，以实现灵活的数据分析。下面将对字段的添加、显示位置、移动方法、计算字段的添加、字段名称的修改等操作进行详细介绍。

▶扫一扫 看视频◀

4.2.1 了解数据透视表的核心概念

为了方便学习和理解，在进行字段设置之前，先对数据透视表中字段和区域进行解释。

（1）关于"字段"

数据源表的每一列代表一个字段，每一列的标题即字段名称，如图4-12所示。

	A	B		E	F	G	H
1	日期	产品名称		金额	业务员	客户	地区
2	2021/8/1	保险柜		¥9,600.00	赵恺	华远数码科技有限公司	内蒙古
3	2021/8/2	名片扫描仪	4	¥600.00	¥2,400.00 刘晓明	觅云计算机工程有限公司	天津市
4	2021/8/2	SK05装订机	2	¥260.00	¥520.00 刘晓明	觅云计算机工程有限公司	甘肃
5	2021/8/4	静音050碎纸机			赵恺	华远数码科技有限公司	内蒙古
6	2021/8/4	SK05装订机				常青藤办公设备有限公司	四川
7	2021/8/6	保险柜				海宝二手办公家具有限公司	内蒙古
8	2021/8/6	支票打印机	2	¥550.00	¥1,100.00 宋乾成	大中办公设备有限公司	浙江
9	2021/8/8	指纹识别考勤机	1	¥230.00	¥230.00 赵恺	七色阳光科技有限公司	广东
10	2021/8/9	支票打印机	4	¥550.00	¥2,200.00 宋乾成	大中办公设备有限公司	云南
11	2021/8/9	咖啡机	3	¥450.00	¥1,350.00 宋乾成	常青藤办公设备有限公司	黑龙江
12	2021/8/10	多功能一体机	4	¥2,000.00	¥8,000.00 宋乾成	大中办公设备有限公司	天津市
13	2021/8/15	008K点钞机	4	¥750.00	¥3,000.00 赵恺	七色阳光科技有限公司	山东

字段名称

一列数据即一个字段

图4-12

（2）关于"区域"

数据透视表共包含4个区域，分别为筛选区域、列区域、行区域以及值区域，分别控制数据透视表的数据范围、列分布汇总数据、行分布汇总数据以及汇总方式。这4个区域的设置和布局直接决定了数据透视表最终的呈现效果，如图4-13所示。

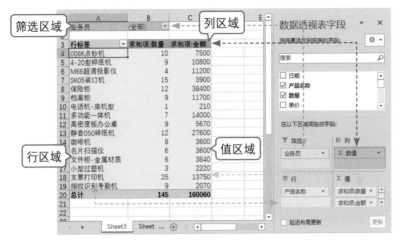

图4-13

数据透视表中4个区域的具体作用如下。

● 筛选区域：通过筛选区域可以直接控制其他三个区域中哪些数据被显示，哪些数据被隐藏，从而控制数据透视表的范围。

● 列和行区域：这两个区域的本质其实是相同的，只是分布方向不同。行区域垂直排列，列区域水平排列。

● 值区域：通过值区域可以选择统计的数据和统计方式。值区域即统计的数据区域。

4.2.2 快速添加或删除字段

向数据透视表中添加或删除字段非常简单，只要在"数据透视表字段"窗格中勾选或拖动指定字段到目标区域，即可快速将字段添加到数据透视表中。

使用勾选法，系统会根据字段的属性自动选择让该字段在行区域还是在值区域显示。默认情况下文本类型的字段自动添加到行区域，数值类型的字段自动添加到值区域，如图4-14所示。

拖动字段更为灵活，适用范围更广，它可以让指定字段在任何区域显示，如图4-15所示。

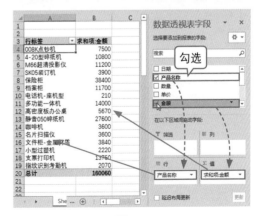

图4-14

在"数据透视表字段"窗格中取消某个字段的勾选即可将该字段从数据透视表中删除，如图4-16所示。

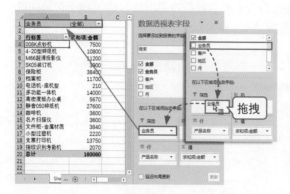

图4-15

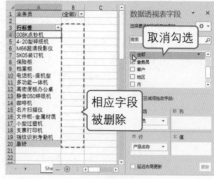

图4-16

4.2.3 移动字段

添加字段后可通过拖拽将字段移动到其他区域，例如将筛选区域中的"业务员"字段移动到列区域，如图4-17所示。

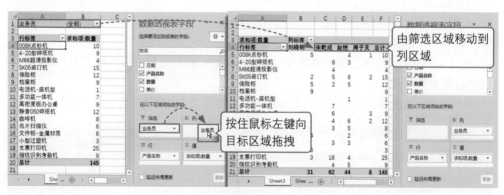

图4-17

📖 知识点拨

在区域列表中单击字段选项会显示出一个列表，通过列表中提供的选项也可对当前字段执行移动、删除等操作，如图4-18所示。

图4-18

4.2.4　调整数据透视表字段窗格

用户在操作数据透视表的过程中若发现无法调出"数据透视表字段"窗格，则需要检查"字段列表"开关是否开启。打开"数据透视表工具—分析"选项卡，在"显示"组中可以看到该按钮，如图4-19所示。

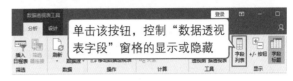

单击该按钮，控制"数据透视表字段"窗格的显示或隐藏

图4-19

"数据透视表字段"窗格的布局可以根据需要进行调整。在窗格中单击" ⚙ ▼ "按钮，在展开的列表中包含了多种布局形式，如图4-20所示。选择一种需要的布局即可应用该布局，如图4-21所示。

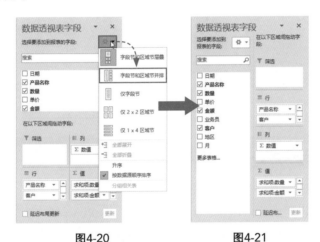

图4-20　　　　　　　　图4-21

4.2.5　更改字段名称

如果对数据透视表中字段的名称不满意，可以对其进行修改。修改字段名称的方法非常简单，只需要选中名称所在单元格，输入新名称即可，如图4-22所示。

图4-22

图4-23

注意事项　修改字段名称时需要注意，行字段的名称可以跟原标题相同，但是值字段的名称不允许和原标题相同，否则将弹出警告对话框，如图4-23所示。

4.2.6 展开或折叠字段

当向行区域中添加了多个字段后，最顶部字段的每个项目左侧都会出现"■"按钮，该按钮即折叠按钮，如图4-24所示。单击折叠按钮可将在下方显示的详细信息折叠，折叠信息后按钮会变成"⊞"样式，该按钮为展开按钮，如图4-25所示。单击展开按钮则可再次将折叠的内容重新显示出来。

若想一次展开或折叠所有行字段，可以在行区域中右击任意一个单元格，在弹出的菜单中选择"展开整个字段"或"折叠整个字段"选项，如图4-26所示。

图4-24

图4-25

图4-26

4.2.7 隐藏行字段中的折叠和展开按钮

在"数据透视表工具—分析"选项卡中的"显示"组内单击"+/-按钮"按钮，可隐藏字段中的折叠和展开按钮，如图4-27所示。再次单击该按钮，可恢复折叠和展开按钮的显示。

折叠和展开按钮被隐藏

图4-27

4.2.8 清除数据透视表中的所有字段

在"数据透视表字段"窗格中取消所有复选框的勾选，可清除数据透视表中的所有字段。除此之外，也可在"数据透视表工具—分析"选项卡中单击"清除"按钮快速清除所有字段，如图4-28所示。

图4-28

4.3 数据透视表的基本操作

学习了数据透视表的创建以及如何添加字段后,下面继续讲解数据透视表的基本操作。

4.3.1 更改数据源

若数据透视表引用了错误的数据源,或数据源被扩充,则需要更改数据源。选中数据透视表中的任意单元格,打开"数据透视表工具—分析"选项卡,在"数据"组中单击"更改数据源"按钮,随后弹出"更改数据透视表数据源"对话框,在"表/区域"文本框中选择新的数据源区域,最后单击"确定"按钮,即可完成数据源的更改,如图4-29所示。

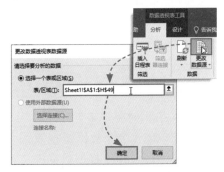

图4-29

4.3.2 刷新数据源

当对数据源进行了更改后,应及时刷新数据透视表以保证获取最新的数据。选中数据透视表中的任意单元格,打开"数据透视表工具—分析"选项卡,在"数据"组中单击"刷新"按钮即可刷新当前数据透视表,如图4-30所示。

若使用同一数据源创建了多张数据透视表,可以单击"刷新"下拉按钮,在展开的列表中选择"全部刷新"选项,刷新工作簿中的所有数据透视表,如图4-31所示。

图4-30　　　　　　　　　　图4-31

用户也可设置每次启动工作簿时自动刷新数据透视表。具体操作方法如下。

打开"数据透视表工具—分析"选项卡,在"数据透视表"组中单击"选项"按钮,打开"数据透视表选项"对话框,在"数据"选项卡中勾选"打开文件时刷新数据"复选框,最后单击"确定"按钮即可,如图4-32所示。

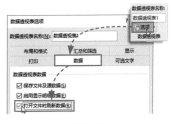

图4-32

4.3.3　更改数据透视表名称

数据透视表也有名称。当一个工作簿中包含多个数据透视表时，根据创建的先后顺序默认名称为"数据透视表1""数据透视表2""数据透视表3"……

为了增加数据透视表的辨识度，可以更改其名称。打开"数据透视表工具—分析"选项卡，在"数据透视表"组中可以看到数据透视表名称，直接在此处定位光标修改名称即可，如图4-33所示。

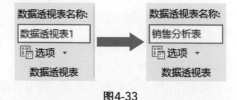

图4-33

4.3.4　快速获得多个数据透视表

当需要同时展示多个分析结果时，可以创建多个数据透视表同时进行数据分析。根据数据源按部就班地一个一个重复创建太麻烦，此时用户可以使用复制功能快速获得多个数据透视表，如图4-34所示。复制得到的数据透视表可以进行单独数据分析，互不影响。

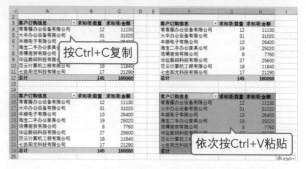

图4-34

 注意事项　复制数据透视表时需要注意放置的位置，两个表不要距离太近，以免相邻的数据透视表无法添加新的字段，从而影响数据分析，如图4-35所示。

图4-35

4.3.5　移动数据透视表

创建数据透视表后如果觉得位置不合适，可以移动数据透视表。选择数据透视表中的任意一个单元格，打开"数据透视表工具—分析"选项卡，在"操作"组中单击"移动数据透视表"按钮，在弹出的对话框中引用新位置的首个单元格，最后单击"确定"按钮即可将数据透视表移动到目标位置，如图4-36所示。

▶扫一扫　看视频◀

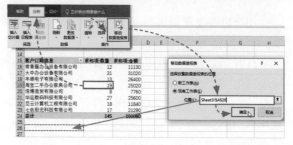

图4-36

4.3.6　删除数据透视表

清除数据透视表中的所有字段并不代表数据透视表被删除了，空白的数据透视表还在，如图4-37所示。要想彻底删除数据透视表，需要将整个数据透视表选中，然后按Delete键，如图4-38所示。

图4-37

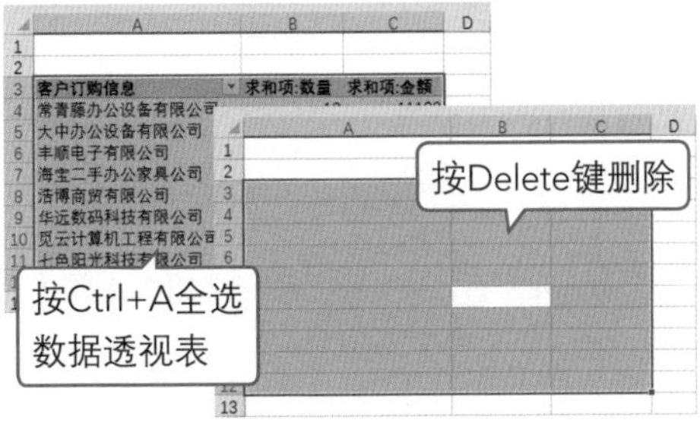

图4-38

4.4　以更佳的布局方式展示数据

调整数据透视表的布局是为了更直观地呈现数据分析的结果，下面将对数据透视表的布局技巧进行讲解。

4.4.1　数据透视表的 3 种布局形式

数据透视表有3种布局形式，分别是"以压缩形式显示""以大纲形式显示"以及"以表格形式显示"。

若要更改布局，可打开"数据透视表工具—设计"选项卡，在"布局"组中单击"报表布局"下拉按钮，在展开的列表中选择需要的布局即可，如图4-39所示。

数据透视表的3种布局形式及特点如下。

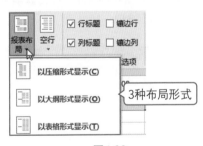

图4-39

（1）以压缩形式显示

默认创建的数据透视表，其布局形式为"以压缩形式显示"。以压缩形式显示的数据透视表，所有行字段全部被压缩在一列中显示，这种布局形式可读性最好，如图4-40所示。

图4-40

（2）以大纲形式显示

以大纲形式显示的数据透视表,行字段将不会被压缩,而是在不同的列中显示,所有行字段均显示标题,如图4-41所示。

（3）以表格形式显示

以表格形式显示的数据透视表用网格线突出行列关系,行字段分列明显,并且增加了分类汇总,如图4-42所示。

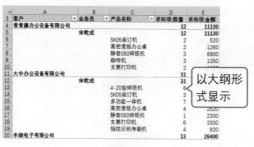

图4-41

图4-42

4.4.2 重复显示所有项目标签

数据透视表以大纲形式显示和以表格形式显示时,行字段标签不会重复显示,用户可以通过设置让行字段标签重复显示。

在"数据透视表工具—设计"选项卡中的"布局"组内单击"报表布局"下拉按钮,从展开的列表中选择"重复所有项目标签"选项,如图4-43所示。所有行字段的项目标签即可重复显示,如图4-44所示。若要取消重复显示,可以在"报表布局"下拉列表中选择"不重复项目标签"选项。

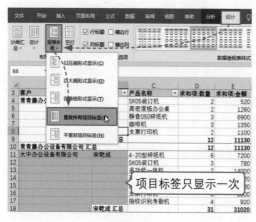

图4-43

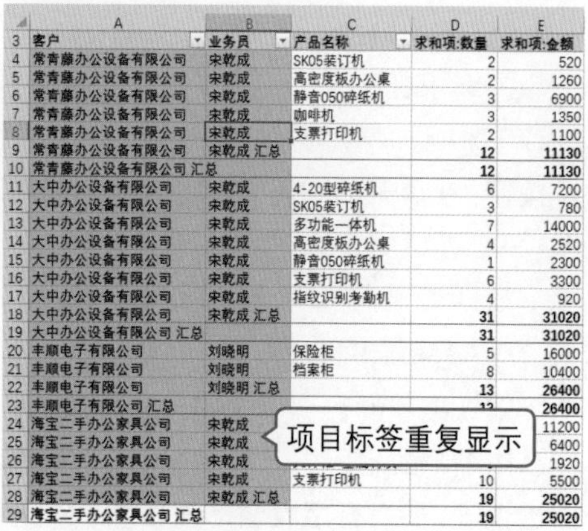

图4-44

4.4.3　在每个项目后插入空行

在每个分组项之后可以添加一个空行,用以突出显示分组。在"数据透视表工具—设计"选项卡中的"布局"组内单击"空行"下拉按钮,从下拉列表中选择"在每个项目后插入空行"选项,如图4-45所示,即可在数据透视表的每个项目后插入一个空行,如图4-46所示。

图4-45

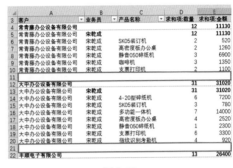

图4-46

📖 **知识点拨**

在"空行"下拉列表中选择"删除每个项目后的空行"选项可将空行删除。

4.4.4　控制是否显示总计

数据透视表默认在最后一行显示总计,用户可自行控制是否显示总计。

在"数据透视表工具—设计"选项卡中的"布局"组中单击"总计"下拉按钮,利用下拉列表中提供的选项即可控制总计的显示或隐藏,如图4-47所示。

图4-47

4.4.5　调整分类汇总的显示位置

数据透视表自动对数据分析进行汇总,并在每个分组的顶部显示汇总结果,如图4-48所示。

利用"数据透视表工具—设计"选项卡中的"分类汇总"功能可修改分类汇总的显示位置,以及空值是否显示分类汇总,如图4-49所示。

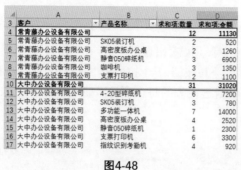

图4-48   图4-49

为了让汇总行更加突出,可以为其添加底纹。用户可以启用选定内容功能,批量选中所有汇总行。

选中数据透视表中任意一个分类汇总行中的任意单元格,打开"数据透视表工具—分析"选项卡,在"操作"组中单击"选择"下拉按钮,从展开的列表中选择"启用选定内容"选项,数据透视表中的分类汇总行随即被全部选中,如图4-50所示。随后为所选区域设置一个满意的填充色即可,如图4-51所示。

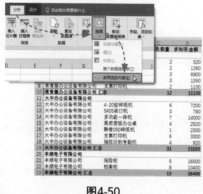

图4-50   图4-51

注意事项：只有分类汇总行在组的底部显示时才能被批量选中。若分类汇总行在组的顶部显示，需要按住Ctrl键，拖拽鼠标依次选中分类汇总行。

选中分类汇总的结果,在单元格上方双击,会在新工作簿中显示该汇总的明细数据,如图4-52所示。

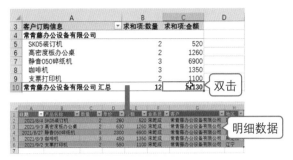

图4-52

4.5 让数据透视表看起来更美观

设置数据透视表的外观，不仅能美化数据透视表，更重要的是行列分明、重点清晰的数据透视表更方便阅读。

4.5.1 套用数据透视表样式

Excel包含了很多内置的数据透视表样式，使用起来非常方便。打开"数据透视表工具—设计"选项卡，在"数据透视表样式"组中单击"▼"按钮，可查看到所有样式，如图4-53所示。单击某个样式即可为数据透视表套用该样式，应用不同样式的数据透视表如图4-54所示。

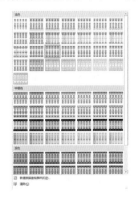

图4-53

图4-54

图4-55

4.5.2　自定义数据透视表样式

如果内置的数据透视表样式中没有满意的样式，可以根据需要自定义数据透视表样式。下面介绍具体操作方法。

在"数据透视表工具—设计"选项卡中打开"数据透视表样式"下拉列表，从中选择"新建数据透视表样式"选项，如图4-56所示。弹出"新建数据透视表样式"对话框，在"表元素"列表中选择第一个需要设置的元素，单击"格式"按钮，如图4-57所示。

随后弹出"设置单元格格式"对话框，该对话框中包含"字体""边框"以及"填充"三个选项卡，根据需要为所选元素设置单元格样式，如图4-58所示。随后返回到上一级对话框，继续设置其他元素的单元格样式，设置完成后单击"确定"按钮，如图4-59所示。

在"数据透视表样式"列表中会增加"自定义"组并显示自定义的数据透视表样式，单击该样式即可应用该样式，如图4-60所示。在自定义样式的上方右击，通过菜单中的选项可以对该样式进行修改、复制、删除等操作，如图4-61所示。

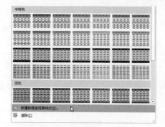

图4-56　　　　　　　　　　图4-57

图4-58　　　　　　　　　　图4-59

图4-60　　　　　　　　　　图4-61

4.5.3　清除数据透视表样式

在"数据透视表样式"列表中选择"清除"选项可清除数据透视表样式，如图4-62所示。

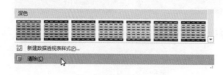

图4-62

> **注意事项**　清除数据透视表样式并不能让数据透视表还原到使用样式之前的样式，只是将所有底纹和单元格格式清除，数据透视表会保留外侧边框线以及行区域和值区域的分隔线。

拓展练习：创建薪酬管理数据透视表

本章内容主要介绍了数据透视表的创建、字段的基本操作、数据透视表的基本操作、数据透视表布局以及数据透视表的美化等，为了巩固所学知识，下面将制作薪酬管理数据透视表。

Step 01 选中薪酬管理表中的任意单元格，打开"插入"选项卡，在"表格"组中单击"数据透视表"按钮，如图4-63所示。

Step 02 弹出"创建数据透视表"对话框，保持"表/区域"中默认的区域不变，单击"确定"按钮，如图4-64所示。

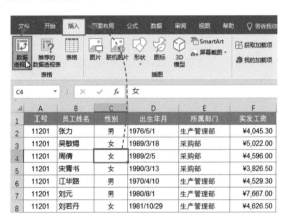

图4-63

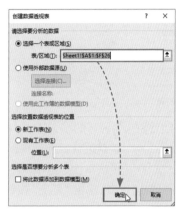

图4-64

Step 03 工作簿中随即新建一个空白工作表。在"数据透视表字段"窗格中单击"⚙▾"按钮，从展开的列表中选择"字段节和区域节并排"选项，如图4-65所示。

Step 04 字段窗格中的字段和区域随即变为并排显示。勾选"员工姓名"和"实发工资"复选框，将这两个字段添加到数据透视表中，如图4-66所示。

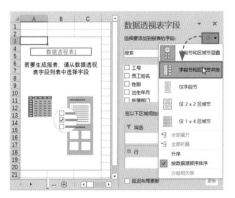

图4-65

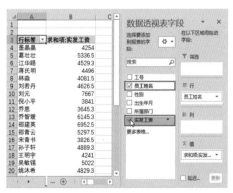

图4-66

Step 05 在字段窗格中选中"所属部门"选项,按住鼠标左键向"筛选"区域中拖动,如图4-67所示。

Step 06 松开鼠标后,"所属部门"便出现在了筛选区域,如图4-68所示。

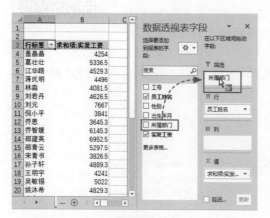

图4-67

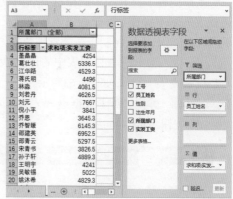

图4-68

Step 07 单击筛选字段右侧的筛选按钮,在展开的筛选器中先勾选"选择多项"复选框,随后勾选要筛选的多个选项,最后单击"确定"按钮,如图4-69所示。

Step 08 数据透视表随即根据勾选的条件筛选出指定部门的信息,如图4-70所示。

Step 09 再次单击筛选字段中的筛选按钮,在筛选器中勾选"全部"复选框,保持所有选项呈勾选状态,单击"确定"按钮,取消该字段的筛选,如图4-71所示。

图4-69

图4-70

图4-71

Step 10 在字段窗格中的"筛选"区域内选中"所属部门"选项,按住鼠标左键,将其向行区域中的"员工姓名"字段上方拖动,此时目标位置会出现绿色的粗实线,如图4-72所示。

Step 11 松开鼠标后"所属部门"字段即被移动到了行区域,并在"员工姓名"上方显示,如图4-73所示。

| 图4-72 | 图4-73 |

Step 12 打开"数据透视表工具—设计"选项卡，在"布局"组中单击"报表布局"下拉按钮，在下拉列表中选择"以大纲形式显示"选项，如图4-74所示。

Step 13 数据透视表的布局随即变为"以大纲形式显示"，如图4-75所示。

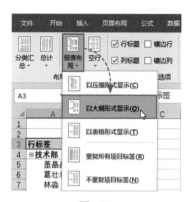

| 图4-74 | 图4-75 |

Step 14 在"数据透视表工具—设计"选项卡中的"数据透视表样式"组中单击" "按钮，在展开的列表中选择一个满意的样式，如图4-76所示。

Step 15 数据透视表随即应用所选样式，如图4-77所示。至此完成薪酬管理数据透视表的创建。

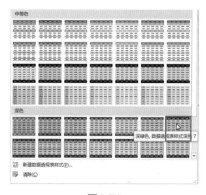

| 图4-76 | 图4-77 |

知识总结：用思维导图学习数据分析

　　学习完本章内容后，在此绘制一张数据透视表的知识结构图，读者可以一一对照，回顾前面的知识点，起到温故知新的作用。

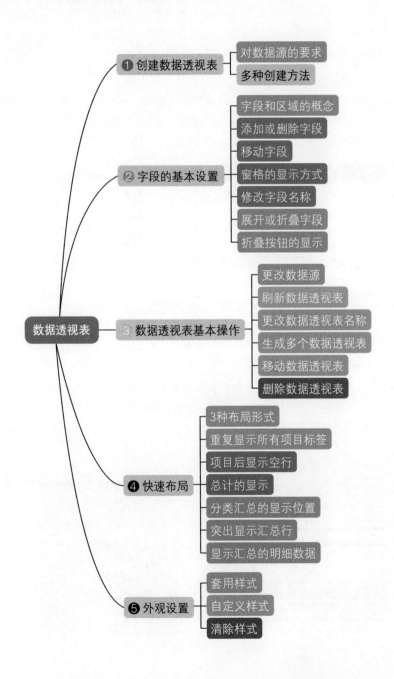

第 **5** 章

多维度动态
分析数据

　　学习是循序渐进的，熟悉了数据透视表的基本操作后，本章将继续介绍如何在数据透视表中进行动态数据分析。本章涉及的知识点包括在数据透视表中进行计算、在数据透视表中执行排序以及筛选工具的应用等。

5.1 数据透视表中的计算和汇总

通过对数据透视表字段的设置，可以执行各种计算以及按不同方式进行汇总。下面将详细介绍数据透视表中常见的计算和汇总方法。

5.1.1 对字段分组

数据透视表是汇总、分析、浏览和呈现数据的好工具，对数据透视表中的数据进行分组，可以改进数据透视表的布局和格式，让数据透视表变得更易读。

（1）为日期字段分组

在行区域中选择任意日期所在单元格并右击，在弹出的菜单中选择"组合"选项，如图5-1所示。弹出"组合"对话框，设置好起始日期和终止日期，在"步长"列表框中选择组合日期的步长，最后单击"确定"按钮，如图5-2所示。数据透视表中的日期字段随即按照对话框中的设置自动分组，如图5-3所示。

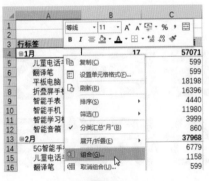

图5-1

图5-2

图5-3

（2）为文本字段分组

为文本字段分组需要提前选中要组合的内容，然后再执行"组合"操作。具体操作方法如下。

选择需要组合的内容，右击任意选中的单元格，在弹出的菜单中选择"组合"选项，如图5-4所示。所选内容随即被组合在一起，默认的分组名称为"数据组1"，选中分组名称所在单元格可直接更改该名称，如图5-5所示。

图5-4

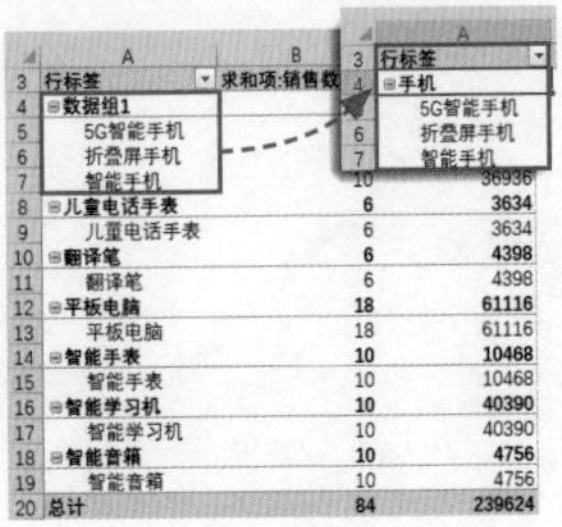

图5-5

📖 **知识点拨**

　　若要取消字段的组合,可以右击被组合的字段,在弹出的菜单中选择"取消组合"选项取消组合。

5.1.2 　更改值字段汇总方式

　　值字段的汇总方式默认为"求和"汇总。用户可根据需要更改汇总方式,如图5-6所示。

　　更改值汇总方式很简单,只需在值字段中右击任意单元格,在弹出的菜单中选择"值汇总依据"选项,在其下级菜单中选择需要的汇总方式即可完成更改,如图5-7所示。

图5-6　　　　　　　　　　　　　　　　　图5-7

5.1.3 　更改值的显示方式

　　值区域中的数字以"常规"格式显示,用户可以更改其显示方式,从更多角度分析数据,如图5-8所示。

图5-8

　　更改值显示方式也通过右键菜单来操作。选中要改变显示方式的值字段中的任意一个单元格并右击,在弹出的菜单中选择"值显示方式"选项,在其下级菜单中选择需要使用的显示方式即可,如图5-9所示。

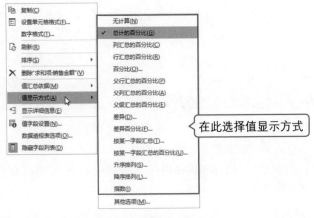

在此选择值显示方式

图5-9

5.1.4 添加计算字段

数据源中不能直接插入空白字段,也不能对值区域中的数值进行更改。如果想要对两个值字段进行计算,应该如何让这个字段显示在数据透视表中呢?

选中数据透视表中的任意单元格,打开"数据透视表工具—分析"选项卡,在"计算"组中单击"字段、项目和集"下拉按钮,在下拉列表中选择"计算字段"选项,如图5-10所示。

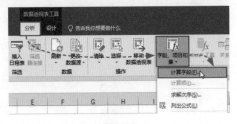

图5-10

系统随即弹出"插入计算字段"对话框,设置好字段名称,在"公式"文本框中输入计算公式,最后单击"确定"按钮,如图5-11所示。数据透视表中随即添加相应的计算字段,如图5-12所示。

图5-11

新添加的计算字段

图5-12

图5-13

公式中的字段名称不需要手动输入，可以通过"字段"列表框插入，如图5-13所示。

5.1.5 使用函数创建新字段

添加计算字段时除了使用现有值字段进行简单的计算，也可使用函数公式创建新字段。

假设每个月销售金额达到1万元有2%的提成，低于1万元没有提成。在"插入计算字段"文本框中输入字段名称以及函数公式"=IF(销售金额>=10000，销售金额*2%,0)"，单击"确定"按钮，如图5-14所

图5-14

图5-15

示。数据透视表中随即被插入相应计算字段，此时销售金额达到1万元，以销售金额的2%计算销售提成，销售金额低于1万元显示销售提成为0元，如图5-15所示。

注意事项　添加的计算字段不能通过删除列的方式直接删除。需要在"插入计算字段"对话框中选中要删除的字段名称，然后单击"删除"按钮进行删除，如图5-16所示。

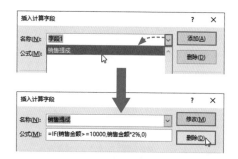

图5-16

5.1.6 用数据透视表合并多表数据

多个数据表中的数据也可合并创建数据透视表。下面将利用保存在两张工作表中的数据源创建数据透视表，如图5-17所示。

 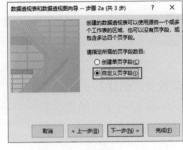

图5-17

依次按Alt、D、P键，打开"数据透视表和数据透视图向导--步骤1（共3步）"对话框，选择"多重合并计算数据区域"单选按钮，单击"下一步"按钮，如图5-18所示。打开"数据透视表和数据透视图向导--步骤2a（共3步）"对话框，根据需要选择要创建

图5-18   图5-19

的页字段，此处选择"自定义页字段"，单击"下一步"按钮，如图5-19所示。

切换到"数据透视表和数据透视图向导-第2b步，共3步"对话框，先在"选定区域"文本框中引用第一数据表区域，将其添加到"所有区域"列表中，然后在对话框下半部分选择页字段的数目，并设置项目标签，如图5-20所示。接着参照上述步骤继续添加第二个数据表区域，并设置其项目标签，设置完成后单击"下一步"按钮，如图5-21所示。

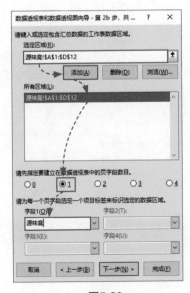 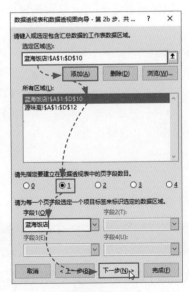

图5-20   图5-21

进入到"数据透视表和数据透视图向导--步骤3（共3步）"对话框，在文本框中引用显示数据透视表的首个单元格，单击"完成"按钮，如图5-22所示，即可根据多个表格中的数据源创建数据透视表，如图5-23所示。

图5-22

图5-23

在筛选区域中单击页字段筛选按钮，可以筛选指定数据表中的数据，如图5-24所示。单击列标签中的筛选按钮，可以隐藏不需要显示的项目，如图5-25所示。

图5-24

图5-25

5.1.7 设置数值的小数位数

在数据透视表中设置数值的小数位数和在普通数据表中的设置方法相同，选择数值所在区域后打开"设置单元格格式"对话框，调整小数位数即可，如图5-26所示。除了设置小数位数，还可以在该对话框中设置数值的格式，例如让数值以货币格式显示等，如图5-27所示。

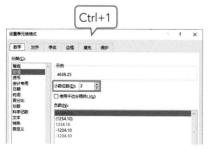

图5-26

图5-27

5.2 在数据透视表中执行排序

数据透视表中的排序筛选方法和普通数据表稍微有些区别,下面先介绍如何在数据透视表中排序。

5.2.1 拖拽法手动排序

手动排序适合小范围移动某些指定字段位置时使用,操作起来非常方便快捷。

（1）手动排序列字段

选中需要排序的列的列标题,将光标移动到单元格边框上方,当光标变成"⁺⁺⁺"形状时,按住鼠标左键向目标位置拖动,当目标位置出现绿色的粗实线时,松开鼠标即可移动该字段的位置,如图5-28所示。

（2）手动排序行字段

行字段的手动排序方法和列字段的手动排序方法基本相同。在行区域中选中需要移动位置的行的行标题,将光标放在该标题的边框上方,当光标变成"⁺⁺⁺"形状时,按住鼠标左键向目标位置拖动,松开鼠标后即可完成该字段的移动,如图5-29所示。

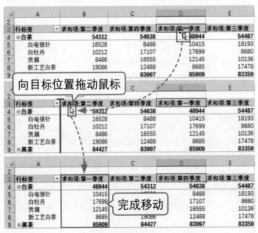

图5-28

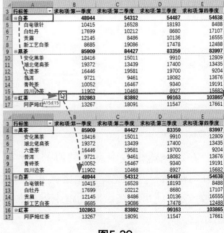

图5-29

注意事项 拖拽法排序无法跨区域移动字段,假设试图将行区域中的内容拖拽到列区域,操作将被终止,并弹出警告对话框,如图5-30所示。

图5-30

5.2.2　对指定字段进行排序

右击指定字段中的任意一个单元格,在弹出的菜单中选择"排序"选项,随后在其下级菜单中选择需要的排序方式,如图5-31所示。当前字段即可按照指定方式进行排序,如图5-32所示。

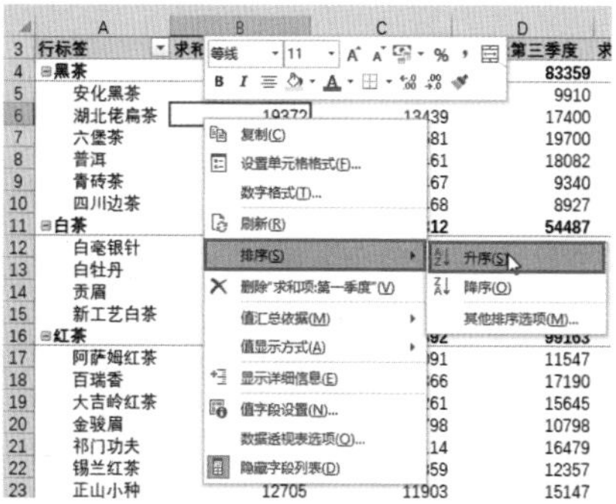

图5-31

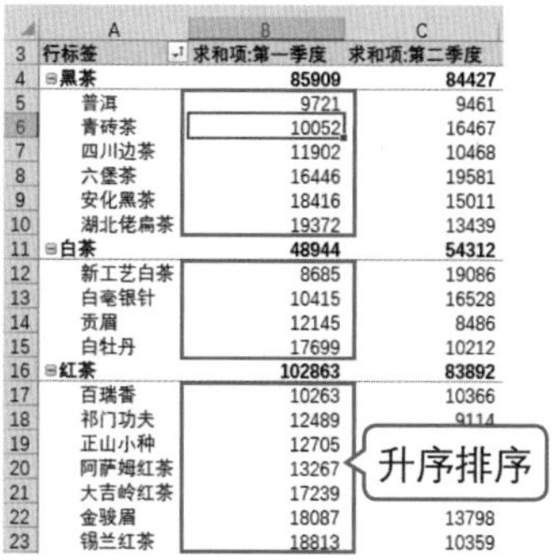

图5-32

知识点拨

对值排序时,默认的排序方向为"从上到下",用户也可将排序方向更改为"从左到右"。通过右键菜单中的"排序"下级菜单选择"其他排序选项",在"按值排序"对话框中可以更改排序方向,如图5-33、图5-34所示。

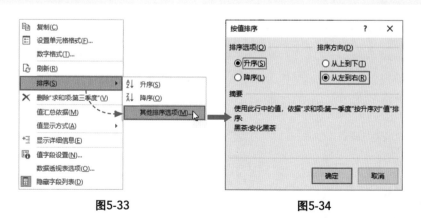

图5-33　　　　　　　　　　　　　　　　图5-34

5.2.3　多个字段同时排序

在数据透视表中每次执行新的排序都会刷新之前的排序,若要同时对多个字段排序,需要先禁止更新报表时自动排序。

例如,对员工的"基本工资"和"工资合计"进行排序,要求"基本工资"按升序排序,当基本工资相同时"工资合计"也按升序排序。具体操作方法如下。

单击行字段中的筛选按钮，从筛选器中选择"其他排序选项"选项，如图5-35所示。在弹出的"排序（员工姓名）"对话框中单击"其他选项"按钮，打开"其他排序选项（员工姓名）"对话框，取消"每次更新报表时自动排序"复选框的勾选，最后单击"确定"按钮，如图5-36所示。

返回数据透视表，先对"工资合计"字段进行"升序"排序，然后再对"基本工资"字段执行一次"升序"排序，如图5-37所示。指定的两个字段已经按照要求进行了排序，如图5-38所示。

图5-35

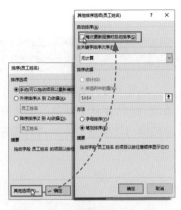

图5-36

图5-37

图5-38

5.2.4 更改文本字段的自动排序依据

文本字段以首字母或笔画作为排序依据，如图5-39所示。用户可在"其他排序选项"对话框中更改排序的依据，如图5-40所示。

图5-39

图5-40

5.3 在数据透视表中执行筛选

数据透视表中只有行标签有筛选按钮,根据布局方式不同,筛选方法也稍有不同。下面将介绍如何在数据透视表中进行筛选。

5.3.1 筛选行字段

"以压缩形式显示"的数据透视表中所有行字段被压缩在一列中显示,不管向行区域添加几个字段,都只有一个筛选按钮,如图5-41所示。

"以大纲形式显示"和"以表格形式显示"时,每个行标签中都会显示筛选按钮,如图5-42所示。

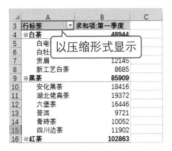

图5-41

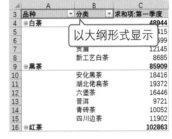

图5-42

筛选"以压缩形式显示"的数据透视表时,要先在筛选器中选择行字段,如图5-43所示。然后根据需要选择筛选方式,如图5-44所示。

图5-43

图5-44

5.3.2 筛选值字段

列标签没有筛选按钮,筛选值字段也是在行标签下的筛选器中进行的。下面以筛选每种分类第四季度销量前三的数据为例,讲解进行值字段筛选的操作。

▶扫一扫 看视频◀

单击行标签中的筛选按钮,在筛选器中先选择"分类"字段,然后选择"值筛选"选项,在其下级列表中选择"前10项"选项,如图5-45所示。系统随即弹出"前10个筛选(分类)"对话框,将数字"10"修改成"3",单击"依据"下拉按钮,选择"求和项:第四季度"选项,最后单击"确定"按钮,数据透视表随即筛选出符合条件的数据,如图5-46所示。

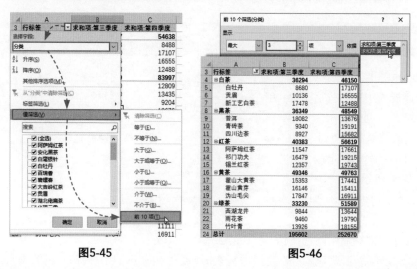

图5-45　　　　　　　　　　　　　　　　　　　　图5-46

5.3.3　筛选分类汇总大于指定值的数据

数据透视表默认对最顶部的行字段进行分类汇总。下面将筛选出分类汇总结果大于或等于30000的数据。

单击"行标签"筛选按钮,在筛选器中设置字段为"销售员"(在最顶部显示的行字段),接着选择"值筛选"选项,在其下级列表中选择"大于或等于"选项,如图5-47所示。

系统随即弹出"值筛选(销售员)"对话框,设置筛选依据为"求和项:销售金额",在最右侧文本框中输入数字"30000",最后单击"确定"按钮,数据透视表中随即筛选出分类汇总结果大于或等于30000的数据,如图5-48所示。

图5-47　　　　　　　　　　　　　　　　　　　　图5-48

5.3.4　添加筛选字段执行筛选

利用筛选字段也可以快速筛选数据，筛选区域中可添加多个字段，如图5-49所示。

多个筛选字段可同时执行筛选。例如要筛选"董媛媛"所销售的品牌为"OPPO"的所有信息，要先在筛选区域中单击"销售员"筛选按钮，筛选"董媛媛"，如图5-50所示。随后再单击"品牌"筛选按钮，筛选"OPPO"，如图5-51所示。

数据透视表中随即根据多个条件筛选出相应信息，如图5-52所示。

图5-49

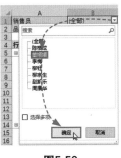

图5-50

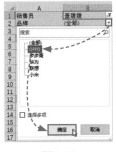

图5-51

图5-52

5.3.5　分页显示筛选字段项目

筛选字段中的各个项目可以在不同工作表中分页显示。具体操作方法如下。

在"数据透视表工具—分析"选项卡中的"数据透视表"组内单击"选项"下拉按钮，从展开的列表中选择"显示报表筛选页"选项，弹出"显示报表筛选页"对话框，从中选择要分页显示的字段，最后单击"确定"按钮，如图5-53所示。数据透视表随即对所选字段进行分页显示，如图5-54所示。

图5-53

图5-54

5.3.6 分页打印筛选结果

打印数据透视表时，默认将整张数据透视表打印在一页。如果需要对行字段进行分页打印，也就是将行字段中的每个项目分别打印在不同的纸张上，可以在"字段设置"对话框中进行设置。

选中行区域中最顶端字段的任意一个单元格并右击，在弹出的菜单中选择"字段设置"选项，如图5-55所示。打开"字段设置"对话框，在"布局和打印"选项卡中勾选"每项后面插入分页符"

图5-55   图5-56

复选框，然后单击"确定"按钮，如图5-56所示。

为了保证打印效果，可以为每一页都添加标题，并打印网格线，如图5-57所示。最后在打印预览界面即可查看分页打印效果，如图5-58所示。

图5-57

预览分页打印效果

图5-58

5.4 借助筛选工具完成筛选

数据透视表中的筛选工具包括"切片器"和"日程表"两种。下面将对这两种筛选工具的使用方法进行介绍。

▶扫一扫 看视频◀

5.4.1 创建切片器

使用切片器能够让数据筛选变得更快速，而且操作更简单。在"数据透视表工具—分析"选项卡中的"筛选"组内单击"插入切片器"按钮,打开"插入切片器"对话框,勾选需要筛选的字段复选框,最后单击"确定"按钮,如图5-59所示。工作表中随即插入相应字段的切片器,如图5-60所示。

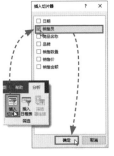

在"插入切片器"对话框中同时勾选多个复选框,可一次插入多个切片器。

图5-59　　　　　　　图5-60

5.4.2　设置切片器外观

插入切片器后可对切片器的外观进行调整,使其更便于操作。选中切片器后,功能区中会出现"切片器工具—选项"选项卡,该选项卡中包含5个分组,利用指定分组中的选项或命令即可对切片器外观做出调整,如图5-61所示。

设置按钮的列数

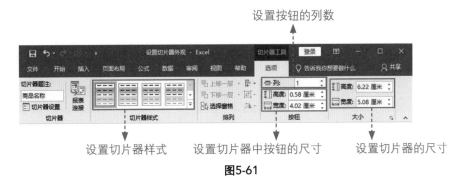

设置切片器样式　　　设置切片器中按钮的尺寸　　　设置切片器的尺寸

图5-61

5.4.3　使用切片器筛选数据

在切片器中单击某个按钮,数据透视表中立刻会筛选出相应信息,如图5-62所示。单击切片器顶部的"⋮⋮"按钮,开启多选模式。在该模式下可同时选中多个按钮,让数据透视表筛选多个项目,如图5-63所示。

图5-62

图5-63

📖 **知识点拨**

单击切片器右上角的"🏷"按钮可清除切片器中的所有筛选。

5.4.4　降序排列切片器中的项目

切片器中的项目默认为按拼音升序排列，用户也可将其修改为按拼音降序排列，如图5-64所示。在切片器的空白处右击，在右键菜单中选择"切片器设置"选项。打开"切片器设置"对话框，选择"降序"单选按钮，最后单击"确定"按钮即可更改排序方式，如图5-65所示。

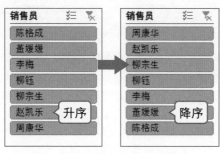

图5-64

图5-65

5.4.5　日期字段的专用筛选器

在"数据透视表工具—设计"选项卡中的"筛选"组内单击"插入日程表"按钮，打开"插入日程表"对话框，勾选"日期"复选框，单击"确定"按钮，如图5-66所示。工作表中随即创建出一份日程表，如图5-67所示。

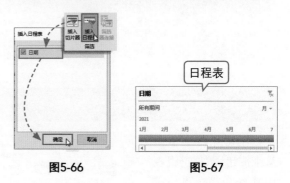

图5-66　　　　　　图5-67

注意事项

"日程表"的应用与"切片器"比较起来有一定的局限性。"日程表"仅适用于对日期字段的筛选，若数据透视表不包含日期字段，将无法创建"日程表"，如图5-68所示。

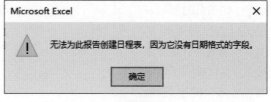

图5-68

5.4.6 日程表的应用方法

在日程表中单击日期单位下方对应的按钮键，数据透视表中即可筛选出相应日期的数据，如图5-69所示。

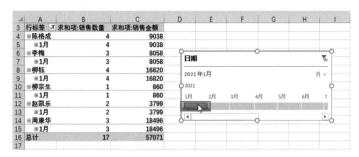

图5-69

将光标放在按钮边缘，当光标变成双向箭头时按住鼠标左键进行拖拽，可将连续的日期按钮选中，如图5-70所示。日程表中的日期步长包括年、季度、月和日，用户可根据需要更改日期的步长，如图5-71所示。

图5-70

图5-71

> **知识拓展**
>
> 单击日程表右上角的"❌"按钮，可清除所有筛选。

拓展练习：用数据透视表分析电商销售数据

▶扫一扫 看视频◀

本章主要介绍了数据透视表的字段处理、常规排序与筛选技巧以及筛选工具的应用技巧。下面将利用所学内容创建数据透视表分析电商销售数据。

Step 01 根据"2021电商全年销售数据"数据源创建数据透视表，并向数据透视表中添加字段，如图5-72、图5-73所示。

图5-72

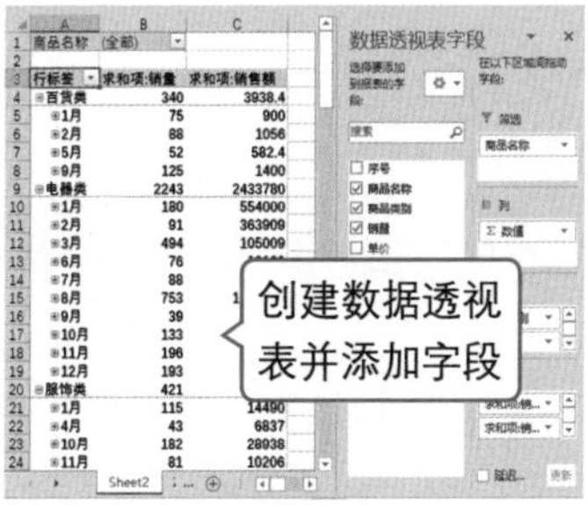

图5-73

131

Step 02 在"求和项：销售额"字段中右击任意单元格，在弹出的菜单中选择"值显示方式"选项，在其下级菜单中选择"总计的百分比"选项，如图5-74所示。

Step 03 所选字段中的值随即变成总计的百分比形式显示，如图5-75所示。

Step 04 选中数据透视表中的任意一个单元格，打开"数据透视表工具—分析"选项卡，在"计算"组中单击"字段、项目和集"按钮，从展开的列表中选择"计算字段"选项，如图5-76所示。

图5-74　　　　　　　　　　　　　　图5-75

Step 05 弹出"插入计算字段"对话框，设置名称为"销售金额"，输入公式为"=销售额"，最后单击"确定"按钮，如图5-77所示。

Step 06 数据透视表中随即插入一个"求和项：销售金额"字段。此时该字段中的值沿用左侧的百分比格式，现在需要将其格式更改为货币格式。选中该字段中的所有值，打开"开始"选项卡，在"数字"组中单击"数字格式"下拉按钮，从下拉列表中选择"货币"选项，如图5-78所示。

图5-76

图5-77

Step 07 所选区域中的数值格式随即发生变化。随后依次选中列字段标题所在单元格，修改标题名称，如图5-79所示。

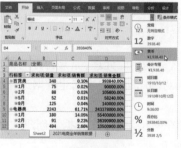

图5-78

图5-79

Step 08 选择"销售总额"标题所在单元格，将光标放在单元格边框上方，光标变成"↖"形状时向"销售占比"字段左侧拖动鼠标，当目标位置出现绿色粗实线时松开鼠标，如图5-80所示。

Step 09 "销售总额"字段随即被移动到"销售占比"字段左侧显示，如图5-81所示。

1	商品名称	(全部)	▼	
2			B3:B60	
3	行标签 ▼	销售数量 ▼	销售占比	销售总额
4	⊟百货类	340	0.10%	¥3,938.40
5	⊞1月	75	0.02%	¥900.00
6	⊞2月	88	0.03%	¥1,056.00
7	⊞5月	52	0.01%	¥582.40
8	⊞9月	125	0.04%	¥1,400.00
9	⊟电器类	2243	61.71%	¥2,433,780.00
10	⊞1月	180	14.05%	¥554,000.00
11	⊞2月	91	9.23%	¥363,909.00
12	⊞3月	494	2.66%	¥105,009.00
13	⊞6月	76	0.31%	¥12,160.00
14	⊞7月	88	0.25%	¥9,680.00
15	⊞8月	753	25.36%	¥1,000,165.00
16	⊞9月	39	0.28%	¥10,920.00
17	⊞10月	133	7.42%	¥292,610.00
18	⊞11月	196	1.10%	¥43,360.00
19	⊞12月	193	1.06%	¥41,967.00
20	⊟服饰类	421	1.53%	¥60,471.00

图5-80

1	商品名称	(全部)	▼	
2				
3	行标签 ▼	销售数量 ▼	销售总额	销售占比
4	⊟百货类	340	¥3,938.40	0.10%
5	⊞1月	75	¥900.00	0.02%
6	⊞2月	88	¥1,056.00	0.03%
7	⊞5月	52	¥582.40	0.01%
8	⊞9月	125	¥1,400.00	0.04%
9	⊟电器类	2243	¥2,433,780.00	61.71%
10	⊞1月	180	¥554,000.00	14.05%
11	⊞2月	91	¥363,909.00	9.23%
12	⊞3月	494	¥105,009.00	2.66%
13	⊞6月	76	¥12,160.00	0.31%
14	⊞7月	88	¥9,680.00	0.25%
15	⊞8月	753	¥1,000,165.00	25.36%
16	⊞9月	39	¥10,920.00	0.28%
17	⊞10月	133	¥292,610.00	7.42%
18	⊞11月	196	¥43,360.00	1.10%
19	⊞12月	193	¥41,967.00	1.06%
20	⊟服饰类	421	¥60,471.00	1.53%

图5-81

Step 10 在值区域中单击"商品名称"字段筛选按钮,打开筛选器。先勾选"选择多项"复选框,随后取消"全部"复选框的勾选,如图5-82所示。

Step 11 勾选"电饭煲"和"电火锅"复选框,单击"确定"按钮,如图5-83所示。

Step 12 数据透视表中随即筛选出指定的多个项目的信息,如图5-84所示。

Step 13 再次单击"商品名称"字段筛选按钮,在筛选器中勾选"全部"复选框,单击"确定"按钮,取消该字段的筛选,如图5-85所示。

Step 14 在"数据透视表字段"窗格中取消"日期"复选框的勾选。在行区域中将"月"字段向"商品类别"字段上方拖动,如图5-86所示。

Step 15 松开鼠标后完成对数据透视表字段的调整,效果如图5-87所示。

图5-82

图5-83

图5-84

图5-85

图5-86

图5-87

Step 16 在行区域中右击任意一个单元格，在弹出的菜单中选择"组合"选项，如图5-88所示。

Step 17 弹出"组合"对话框，保持起始日期和终止日期为默认，选择步长为"季度"，单击"确定"按钮，如图5-89所示。

图5-88　　　　　　　图5-89　　　　　　　图5-90

Step 18 行区域中的日期随即按照季度进行分组，如图5-90所示。

Step 19 单击"行标签"中的筛选按钮，在筛选器中设置字段为"商品类别"，随后选择"值筛选"选项，在其下级列表中选择"大于"选项，如图5-91所示。

Step 20 打开"值筛选（商品类别）"对话框，设置"销售总额"大于"1000000"，单击"确定"按钮，如图5-92所示。

图5-92

Step 21 数据透视表中随即筛选出销售总额大于1000000的商品信息，如图5-93所示。

图5-91　　　　　　　图5-93

Step 22 再次单击"行标签"筛选按钮，选择"商品类别"字段，选择"从商品类别中清除筛选"选项，清除该字段的筛选，如图5-94所示。

Step 23 打开"数据透视表工具—分析"选项卡，在"筛选"组中单击"插入切片器"按钮，打开"插入切片器"对话框。勾选"商品类别"复选框，单击"确定"按钮，如图5-95所示。

图5-94　　　　　　　图5-95

Step 24 数据透视表中随即插入相应字段的切片器，如图5-96所示。

Step 25 选中切片器，在"切片器工具—选项"选项卡中的"按钮"组中设置列的值为"3"，将切片器中的按钮调整为3列显示，如图5-97所示。

图5-96

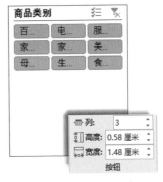

图5-97

Step 26 保持切片器为选中状态，将光标移动到切片器的右下角，光标变成双向箭头时按住鼠标左键进行拖动，如图5-98所示。

Step 27 拖动到理想尺寸时松开鼠标，完成对切片器尺寸的调整，如图5-99所示。

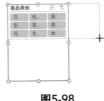

图5-98

图5-99

Step 28 在"切片器工具—选项"选项卡中的"切片器样式"组内单击"⦾"按钮，展开所有切片器样式，在需要的样式上方单击，如图5-100所示。

Step 29 切片器随即应用该样式，效果如图5-101所示。

图5-100

图5-101

Step 30 在切片器中单击指定项目的按钮，对数据透视表进行筛选，如图5-102所示。至此完成用数据透视表分析电商销售数据的操作。

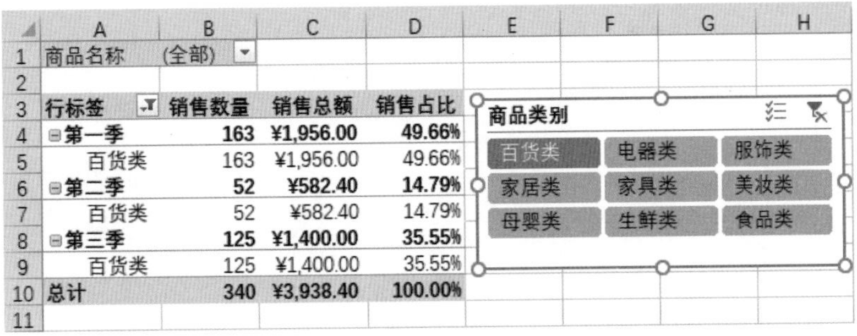

行标签	销售数量	销售总额	销售占比
商品名称 (全部)			
⊟第一季	163	¥1,956.00	49.66%
百货类	163	¥1,956.00	49.66%
⊟第二季	52	¥582.40	14.79%
百货类	52	¥582.40	14.79%
⊟第三季	125	¥1,400.00	35.55%
百货类	125	¥1,400.00	35.55%
总计	340	¥3,938.40	100.00%

图5-102

知识总结：用思维导图学习数据分析

在数据透视表中执行数据分析的学习思维导图如下图所示，读者可通过对比的方式，回顾本章所学的知识，达到学以致用、举一反三的效果。

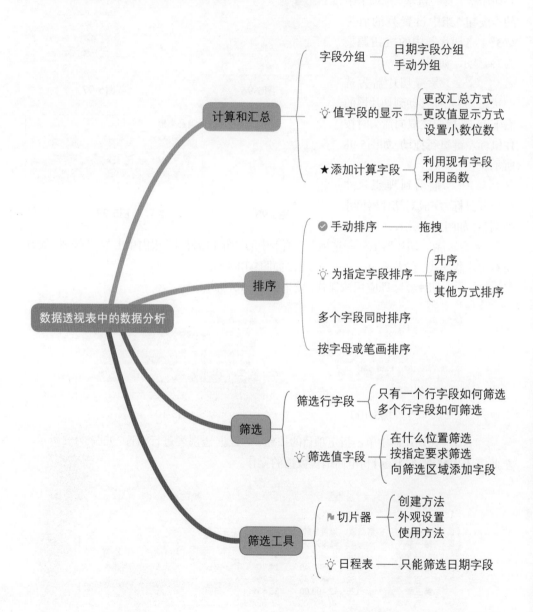

第**6**章

高手都在用的
数据分析工具

在Excel中还可使用"方案管理器""单变量求解"和
"模拟分析运算表"等高级数据分析工具对工作表中的数据尝
试各种求解。本章将对这些模拟分析工具的应用进行详细
介绍。

6.1 模拟运算

模拟运算表是进行预测分析的工具，它可以显示公式中某些数值的变化对计算结果的影响。模拟运算表根据数据变量的多少分为单变量模拟运算表和双变量模拟运算表。下面将对这两种模拟运算表的使用方法进行详细介绍。

6.1.1 单变量求解

单变量求解可以解决改变工作表中某一数值而产生不同结果的问题。下面将举例讲解单变量求解的方法。

假设某公司因业务发展需向银行贷款500000元，年利率为7.2%，贷款年限为5年，如果每月还款8000元，试求需要多少个月还清。

在本案例中，贷款的总额和年利率是不变的，唯一可变的是贷款年限，可以使用单变量求解工具进行计算。

先在工作表中录入基础数据，并用公式计算出月利率和还款月数，如图6-1所示。随后用函数计算月还款额，在B5单元格中输入公式"=PMT(B3,B4,B1)"，按Enter键返回结果，如图6-2所示。

图6-1   图6-2

在单变量求解区域使用公式"=B4"引用还款月数，使用公式"=B5"引用月还款额，如图6-3所示。接下来开始进行单变量求解，选中E3单元格，打开"数据"选项卡，在"预测"组中单击"模拟分析"下拉按钮，从展开的列表中选择"单变量求解"选项，如图6-4所示。

图6-3   图6-4

打开"单变量求解"对话框，保持"目标单元格"为默认的"E3"，输入"目标值"为"-8000"，引用"可变单元格"为"$B$4"，单击"确定"按钮，如图6-5所示。随后弹出"单变量求解状态"对话框，并自动对E3单元格进行单变量求解，当完成迭代计算后，"确定"按钮呈可操作状态，单击该按钮，关闭对话框，如图6-6所示。

此时工作表中已经根据单变量求解自动求出了月还款额为8000时，需要还款的月数，如图6-7所示。

图6-5 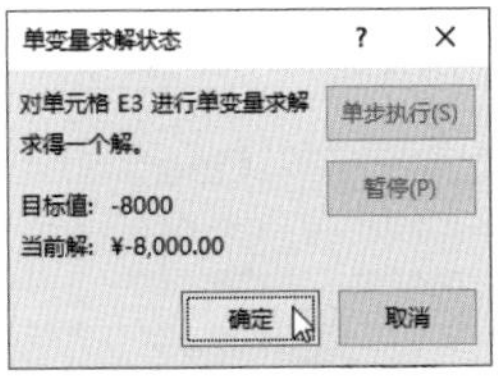　　　　　　　图6-6 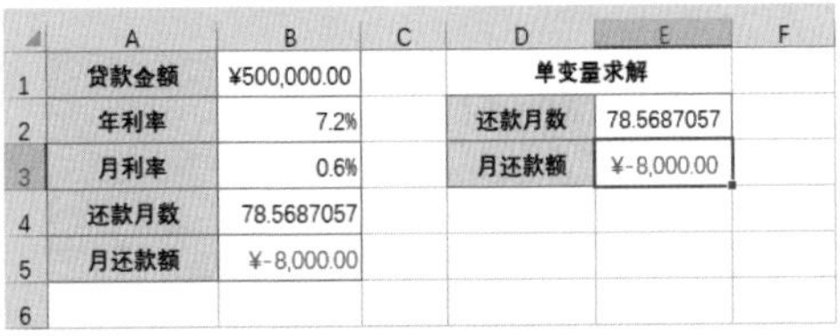　　　　　　　　　　图6-7

6.1.2　使用单变量模拟运算表

单变量模拟运算表主要分析当一个参数变化而其他参数不变时，对目标值的影响。

假设某人每月定期向银行存款，当前年利率为0.35%，存款期限为72个月。以存款额作为变量，求到期后本金和利息的总额。

在工作表中录入基础数据，用年利率除以12计算出月利率，然后在B6单元格中输入公式"=-FV(B2,B3,A6)"，计算出每月存款2000元，达到存款期限后的存款总额，如图6-8所示。

随后选择A6:B12单元格区域，打开"数据"选项卡，在"预测"组中单击"模拟分析"下拉按钮，选择"模拟运算表"选项，如图6-9所示。

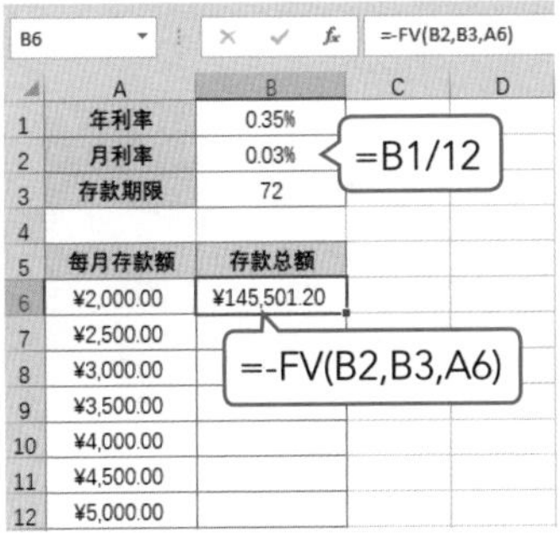

图6-8　　　　　　　　　　图6-9

弹出"模拟运算表"对话框，在"输入引用列的单元格"文本框中引用"$A$6"单元格，随后单击"确定"按钮，如图6-10所示。工作表中随即自动模拟运算出每月存款不同金额时，存款到期后的存款总额，如图6-11所示。

图6-10 　　　　　　　　　　图6-11

注意事项 进行单变量模拟计算的值必须输入在一行或一列中。在"模拟运算表"对话框中引用单元格时，必须根据数据的实际排列方向选择在哪个文本框中引用单元格，否则模拟运算结果将会出错，如图6-12所示。

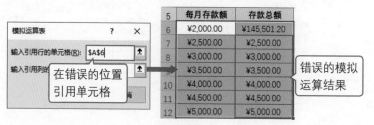

图6-12

6.1.3 使用双变量模拟运算表

双变量模拟运算表可以在其他参数不变的条件下，分析两个参数的变化对目标值的影响。例如，使用双变量模拟运算表预测不同"成本价"和"利润率"时"产品定价"的变化。

根据要求创建双变量模拟运算基本表。在B5单元格内输入公式"=(1+B2)*B1"，按Enter键进行确认，计算出成本为"50"、利润率为"10%"时的产品定价，如图6-13所示。

随后选中B5:G11单元格区域，在"数据"选项卡中的"预测"组内单击"模拟分析"下拉按钮，从展开的列表中选择"模拟运算表"选项，如图6-14所示。

弹出"模拟运算表"对话框，在"输入引用行的单元格"文本框中引用"$B$2"单元格，在"输入引用列的单元格"文本框中引用"$B$1"单元格，最后单击"确定"按钮，如图6-15所示。表格中随即根据不同成本和利润率计算出相应的产品定价，如图6-16所示。

图6-13

图6-14

图6-15

图6-16

6.2　方案分析

在决策管理中，经常需要从不同角度来制定多种方案，不同的方案会得到不同的预测结果。用户可以在工作表中创建并保持多组不同的数值，并且在这些方案之间任意切换，以便查看不同的方案结果。

6.2.1　方案的创建

下面以实际的案例介绍如何创建方案。某玻璃厂要生产一批钢化玻璃，分为12mm、15mm、19mm三种厚度。如果以单位材料成本为变量，求单位材料成本为95元、110元、130元情况下的毛利率。已知单位材料成本为95元时，三种厚度的玻璃的相关数据，下面将根据已知数据创建方案。

打开"数据"选项卡，在"预测"组中单击"模拟分析"下拉按钮，选择"方案管理器"选项，如图6-17所示。打开"方案管理器"对话框，单击"添加"按钮，打开"添加方案"对话框，设置好方案名称，在"可变单元格"文本框中引用"$B$1"单元格，单击"确定"按钮，如图6-18所示。

图6-17

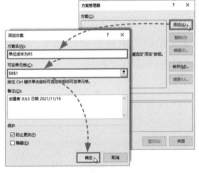

图6-18

在弹出的"方案变量值"对话框中输入第一个变量的值，此处输入"95"，随后单击"确定"按钮，返回到"方案管理器"对话框，此时第一个方案已经被添加到了"方案"列表中；参照上述步骤继续单击"添加"按

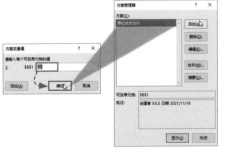

图6-19　　　　　　　图6-20

钮，向方案管理器中添加其他方案，如图6-19所示。所有方案添加完成后，单击"关闭"按钮即可完成所有方案的创建，如图6-20所示。

在"方案管理器"中单击"显示"按钮，或双击方案名称即可在工作表中查看到该方案的计算结果，如图6-21所示。

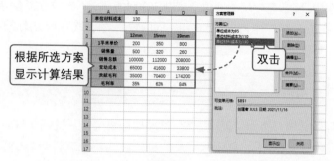

图6-21

6.2.2 方案的编辑和删除

创建方案后，如果发现数值有误，或原始条件发生了变化，可以根据实际情况对方案进行修改或删除。

再次打开"方案管理器"对话框，选择需要编辑的方案，单击"编辑"按钮，在随后弹出的对话框中对方案的名称、引用的单元格以及可变单元格的值进行修改即可，如图6-22所示。若单击"删除"按钮，则可将所选方案删除。

图6-22

6.2.3 创建方案摘要

用户若觉得逐个切换来查看方案不方便，可以创建方案摘要，同时查看多个方案的详细数据和结果。

打开"方案管理器"对话框，单击"摘要"按钮，弹出"方案摘要"对话框，保持对话框中的选项为默认状态，单击"确定"按钮，如图6-23所示。工作表中随即自动新建"方案摘要"工作表，并在其中显示方案摘要。工作表的左侧会显示分级显示图标，单击该图标可分级查看摘要信息，如图6-24所示。

图6-23

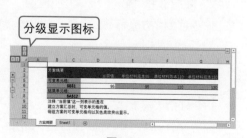

图6-24

6.2.4 方案的保护

为了防止方案被修改，可以对其进行保护。在"方案管理器"对话框中选择好需要保护的方案，单击"编辑"按钮，如图6-25所示。弹出"编辑方案"对话框，勾选"防止更改"复选框，单击"确定"按钮，如图6-26所示。参照此方法可以开启其他方案的防止更改开关。

在"审阅"选项卡中单击"保护工作表"按钮，弹出"保护工作表"对话框，确保"编辑方案"复选框没有被勾选，单击"确定"按钮，如图6-27所示。此时工作表中的方案已经被保护。再次打开"方案管理器"对话框，此时"删除"和"编辑"按钮已经呈现不可操作的状态，如图6-28所示。

图6-25　　　　　　图6-26　　　　　　图6-27　　　　　　图6-28

6.3 规划求解

"规划求解"可以称为假设分析工具，使用"规划求解"可以求出工作表中某个单元格中公式的最佳值。

6.3.1 加载规划求解

Excel中的"规划求解"功能并不是固定的组件，在使用之前需要先将其加载出来。

在Excel文件菜单中选择"选项"，打开"Excel选项"对话框。切换到"加载项"界面，在对话框的最底部设置"Excel加载项"，随后单击"转到"按钮，如图6-29所示。弹出"加载项"对话框，勾选"规划求解加载项"复选框，单击"确定"按钮，如图6-30所示。

图6-29　　　　　　　　图6-30

此时在"数据"选项卡中即可新增一个"分析"分组，其中便显示了"规划求解"按钮，如图6-31所示。

图6-31

6.3.2　建立规划求解模型

线性规划是运筹学中的一个常用术语，是指使用线性模型对问题建立相关的数学模型。要解决一个线性规划问题，首先要建立相应问题的规划求解模型。下面将以实际案例介绍如何建立规划求解模型。

某工厂准备生产三种产品，A产品利润为30元/件，所需材料成本为9元/件，所需人工成本为6元/件；B产品利润为22元/件，所需材料成本为5元/件，所需人工成本为5元/件；C产品利润为40元/件，所需材料成本为15元/件，所需人工成本为8元/件。每月所提供的材料成本为150000元，人工成本为100000元。目前面临的问题是，如何分配这三种产品的生产量，才能赚取最大利润。

根据提供的信息建立的规划求解模型如图6-32所示。

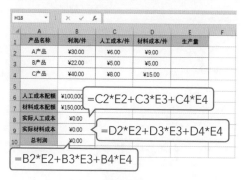

图6-32

6.3.3　使用规划求解

根据建立好的利润最大化的规划求解模型，计算出具体数值，并生成运算结果报告。

打开"数据"选项卡，在"分析"组中单击"规划求解"按钮，如图6-33所示。打开"规划求解参数"对话框，在"设置目标"文本框中引用"$B$10"单元格，选择"最大值"单选按钮，在"通过更改可变单元格"文本框中引用"$E$2:$E$4"单元格区域，随后单击"添加"按钮，如图6-34所示。

图6-33

图6-34

弹出"添加约束"对话框。设置第一个约束为"$E$2""int""整数"，单击"添加"按钮。接着重复这一步骤继续将"$E$3"和"$E$4"也设置成整数，然后再设置"$B$8<=$B$6""$B$9<=$B$7"。所有约束添加完毕后单击"取消"按钮，返回"规划求解参数"对话框。此时在"遵守约束"列表框中已经显示出了添加的所有约束，单击"求解"按钮，如图6-35所示。

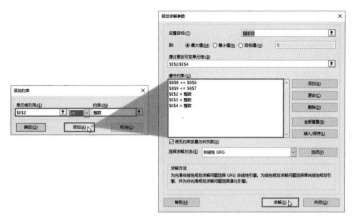

图6-35

打开"规划求解结果"对话框，选中"运算结果报告"选项，单击"确定"按钮，如图6-36所示。数据表中随即计算出最优解，并生成运算结果报告，在该报告中可以查看目标单元格的最优值、可变单元格的取值以及约束条件情况，如图6-37所示。

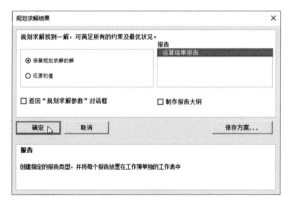

图6-36   图6-37

拓展练习：计算贷款最佳偿还期限及每期偿还额

▶扫一扫 看视频◀

本章主要介绍了模拟运算表、方案分析、规划求解等数据分析工具的应用，下面将使用单变量模拟运算表计算贷款的最佳偿还期限及每期偿还额。

某企业准备开发一个新项目，需要向银行贷款。假设当前的年利率为7.40%，贷款2000000元，还款期限为3年，如果采用等额还款方式，假设每月还款额为50000元，求相关的利息、归还本金、期初欠款以及期末欠款。

Step 01 根据已知数据创建基础表，如图6-38所示。随后在B3单元格中输入公式"=B2/12"，在B6单元格中输入公式"=PMT(B3,B4,B1,0,0)"，计算出"月利率"以及"最佳还款额"，如图6-39所示。

图6-38   图6-39

Step 02 在C9单元格中输入公式"=B9*$B$3"，在D9单元格中输入公式"=$B$5-C9"，在E9单元格中输入公式"=B9-D9"。分别计算出第1期的利息、归还本金额以及期末欠款，如图6-40所示。

Step 03 在B10单元格中输入公式"=E9"，计算出第2期的期初欠款。随后再次选中B10单元格，向下方拖动填充柄，如图6-41所示。

图6-40   图6-41

Step 04 拖动到B44单元格，松开鼠标，将公式填充到第36期，如图6-42所示。

Step 05 将C9、D9和E9单元格中的公式也向下填充到第36期，如图6-43所示。

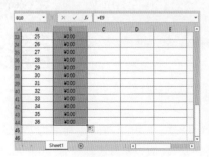
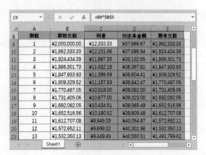

图6-42   图6-43

Step 06 此时通过E44单元格中的值可以发现，最后一期的期末欠款为486896.29元，说明当每月还款额为50000元时，最后一期将无法还清贷款。现创建辅助列，将月还款额设置为50000~64700元，在G8单元格中输入公式"=E44"，求解期末欠款为0时，相应的月还款额，如图6-44所示。

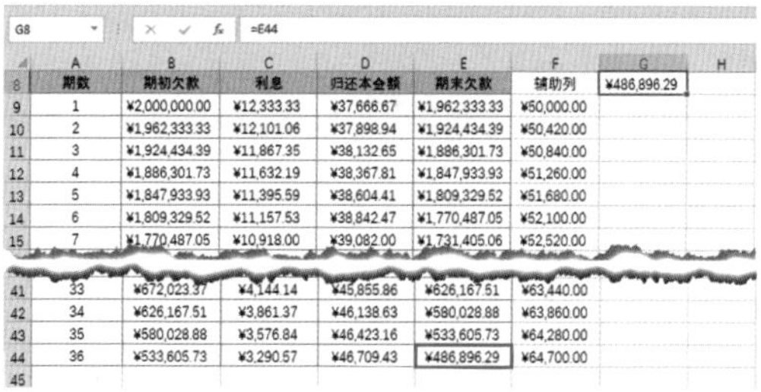

图6-44

Step 07 选中F8:G44单元格区域，打开"数据"选项卡，在"预测"组中单击"模拟分析"下拉按钮，选择"模拟运算表"选项，如图6-45所示。

Step 08 弹出"模拟运算表"对话框，在"输入引用列的单元格"文本框中引用"$B$5"，单击"确定"按钮，如图6-46所示。

图6-45

图6-46

Step 09 通过模拟运算的结果可以看出，当月还款额为"61760"时，期末欠款为14486.57102。当月还款额为62180时，期末欠款为负值。因此可以判断出，最佳还款额介于61760和62180之间，如图6-47所示。

Step 10 接下来可以继续对期末欠款进行模拟运算，进一步细化单变量模拟运算结果，以便更精确地计算出最优还款金额，如图6-48所示。

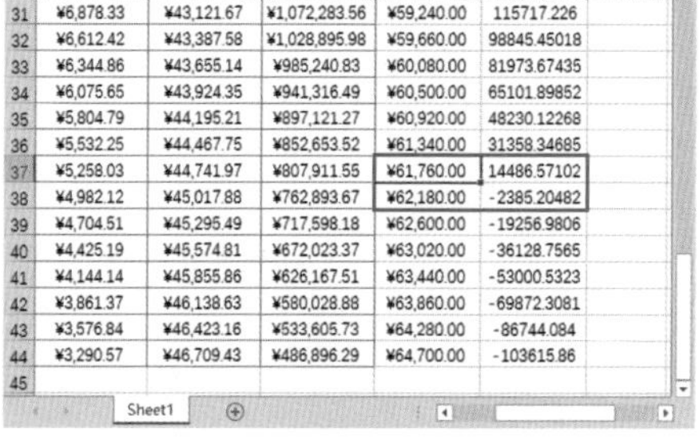

图6-47

图6-48

知识总结：用思维导图学习数据分析

Excel中的高级数据分析工具，除了数据透视表外，还有模拟运算表、方案分析工具、规划求解工具等。读者可参照思维导图整理学习思路，回顾所学知识，巩固学习效果。

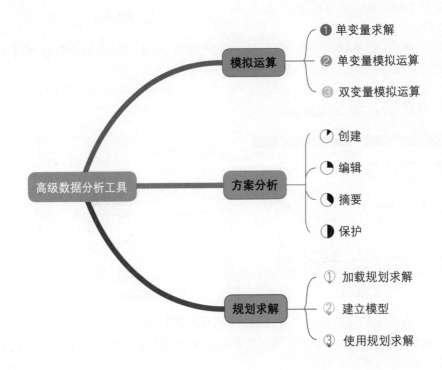

数据
可视化篇

第7章

用图表直观呈现
数据分析结果

图表可以将抽象的数字转换成直观的图形进行展示，从而让数据得以形象、具体地展现，是可视化数据分析的常用功能。本章将对图表的基础操作、快速布局、图表元素的显示以及迷你图的应用进行详细介绍。

7.1 图表操作常识

要想制作出高大上的图表,首先要掌握图表的基本操作,例如了解常用的图表类型、创建图表、对图表进行简单的调整等。

7.1.1 认识常用的图表类型

Excel包含了丰富的图表类型,比较常见的有柱形图、折线图、饼图、条形图、圆环图、面积图、雷达图、散点图等。

(1)柱形图和折线图——比较数值大小

柱形图通过高度差反映数据差异对比,数据经由柱形图展示,可以有效地对一系列甚至几个系列的数据进行直观的对比,如图7-1所示。

条形图和柱形图十分相似,如果将柱形图顺时针旋转90°,则会得到条形图,如图7-2所示。

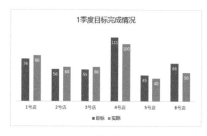

图7-1

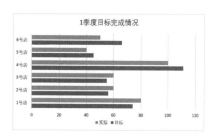

图7-2

(2)折线图和面积图——呈现变化趋势

折线图用来反映数据随着时间的变化幅度,适用于显示在某段时间内数据的变化趋势。常用来展示过去一段时间内某款产品的销售趋势、自媒体平台粉丝增长情况,等等,如图7-3所示。面积图同样用来呈现数据的变化趋势,如图7-4所示。

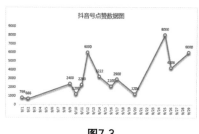

图7-3

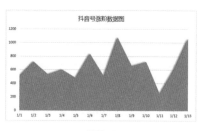

图7-4

(3)饼图和圆环图——展示构成比例

饼图展示每个部分所占整体的百分比,呈现的是整体形象。常用来展示消费占比、数据的分布占比等,如图7-5所示。用户也可以使用圆环图展示数据比例,圆环图的表达形式更多样化,通过调节颜色能够得到意想不到的效果,如图7-6所示。

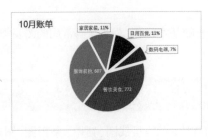

图7-5

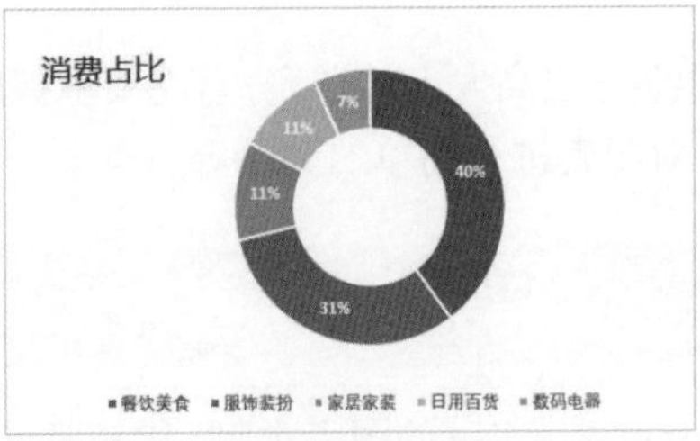

图7-6

(4)雷达图——展示分布情况

雷达图通常用来表达各个参数的分布情况,它适用于能力分析、多维数据对比等,如图7-7、图7-8所示。

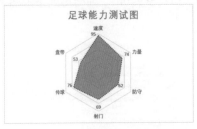

图7-7

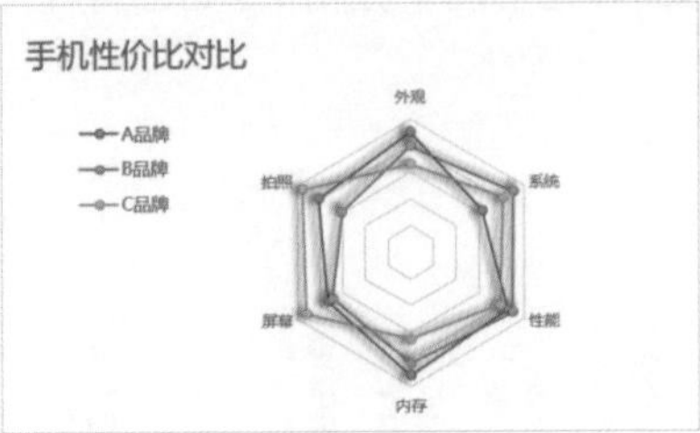

图7-8

在Excel中,主要通过两种途径创建图表:一种是通过功能区中的命令按钮创建,另一种是通过对话框创建。

(1)图表的创建途径

① 功能区中的"图表"组　在"插入"选项卡中的"图表"组内包含了很多图表按钮,单击不同的图表按钮,在展开的列表中可以查看到更详细的图表分类。例如单击" "按钮,可以创建二维柱形图、三维柱形图、二维条形图或三维条形图的任意一种图表。单击" "按钮,可以创建二维饼图、三维饼图以及圆环图中的任意一种图表,如图7-9所示。

② "插入图表"对话框　"图表"组的右下角有一个" "按钮,单击该按钮,打开

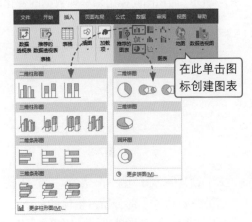

图7-9

"插入图表"对话框。"推荐的图表"选项卡中包含了系统根据当前数据源推荐的图表类型，用户可在此快速选择一种贴合数据源的图表类型，如图7-10所示。若想获得更多图表类型，可以切换到"所有图表"选项卡，如图7-11所示。

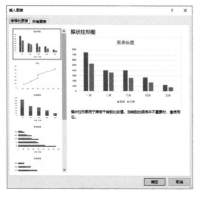

图7-10

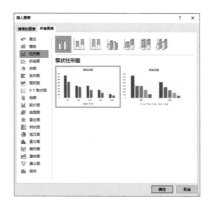

图7-11

（2）创建图表的注意事项

① 先选中数据源，或选中数据源中的任意一个单元格，再创建图表。

② 创建图表的数据源中不应该包含空格、空行和空列以及合并单元格。

③ 明细数据和汇总数据不应该同时出现在一张图表中。当数据源中包含汇总数据时，应选中要创建图表的部分。

7.1.3　调整图表的大小

选中图表后，图表周围会出现8个圆形的控制点，将光标放在任意控制点上方，此时光标会变成双向箭头，如图7-12所示。按住鼠标左键进行拖拽，即可快速调整图表的大小，如图7-13所示

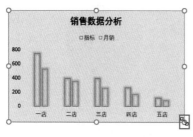

图7-12

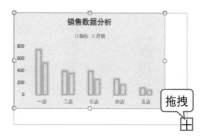

图7-13

📖 **知识点拨**

在"图表工具—格式"选项卡中的"大小"组内输入具体高度和宽度数值，可精确设置图表大小，如图7-14所示。

图7-14

7.1.4　移动图表

在当前工作表中移动图表时，只需要将光标放在图表区，如图7-15所示。然后按住鼠标左键直接向目标位置拖拽即可。若要将图表移动到其他工作表，可以在图表空白位置右击，在右键菜单中选择"移动图表"选项，打开"移动图表"对话框，在该对话框中可选择将图表移动到新工作表或指定的工作表中，如图7-16所示。

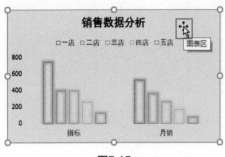

图7-15

图7-16

📖 知识点拨

直接复制图表，也可快速将图表移动到指定工作表中。

7.1.5　更改图表类型

若当前图表类型对数据的展示效果不理想，可以更换图表类型，如图7-17所示。

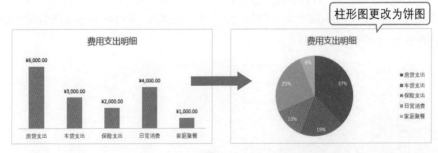

图7-17

选中需要更改类型的图表，打开"图表工具—设计"选项卡，在"类型"组中单击"更改图表类型"按钮，如图7-18所示。系统随即打开"更改图表类型"对话框，在该对话框中选择需要使用的图表即可完成图表类型的更改。

图7-18

7.1.6 创建复合图表

复合图表也可以称为组合图表。通常情况下，一个图表中只能以一种图形系列展示数据，而复合图表则可以在一张图表中用多种图形系列展示不同属性的数据，如图7-19所示。

复合图表看起来高深莫测，其实创建方法很简单。接下来将介绍复合图表的创建方法。

选中数据源，在"插入"选项卡中的"图表"组中单击"对话框启动器"按钮，打开"插入图表"对话框，在"所有图表"选项卡中选择"组合"选项，如图7-20所示。修改"单价"的图表类型为"带数据标记的折线图"，并勾选其右侧的"次坐标轴"复选框，最后单击"确定"按钮，即可完成复合图表的创建，如图7-21所示。

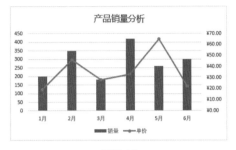

图7-19

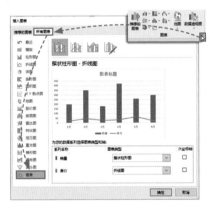

图7-20

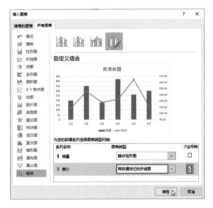

图7-21

7.2 图表的快速布局及样式设置

为了让图表有更好的呈现效果，可以对图表进行快速布局，并对图表样式进行设置。

7.2.1 修改图表标题

图表标题起到总结说明的作用。默认创建的图表根据图表类型的不同，有些使用数据源的第一个值字段标签作为图表标题，有些只是在标题位置显示"图表标题"元素。修改图表标题的方法很简单，只需要选中标题，将光标定位在标题中，如图7-22所示。删除原有内容，输入新内容即可，如图7-23所示。

若图表中没有显示标题，需要先向图表中添加"图表标题"元素。选中图表，单击图表右上角的"图表元素"按钮，勾选"图表标题"复选框即可，如图7-24所示。

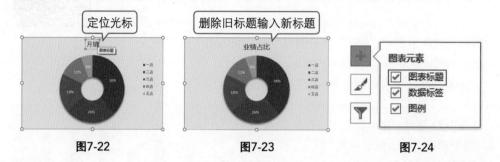

定位光标　　　　　删除旧标题输入新标题

图7-22　　　　　　　　图7-23　　　　　　　　图7-24

7.2.2　快速更改图表系列颜色

Excel提供了一系列内置的图表系列配色。使用内置的图表配色，可以快速更改图表系列的颜色，如图7-25所示。

选中图表，打开"图表工具—设计"选项卡，在"图表样式"组中单击"更改颜色"下拉按钮，在展开的列表中包含了"彩色"和"单色"两种颜色分组。用户可根据需要选择要使用的颜色，如图7-26所示。

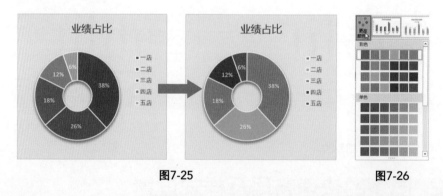

图7-25　　　　　　　　　　　　　　图7-26

7.2.3　设置指定图表系列的颜色

使用内置的配色更改图表颜色时，图表中所有系列的颜色都会被更改，如图7-27所示。具体操作方法如下。

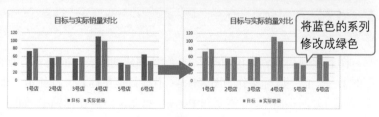

将蓝色的系列修改成绿色

图7-27

单击需要修改颜色的系列中的任意一个图形,此时该系列的所有图形会全部被选中。

在任意一个选中的图形上方右击,选择"设置数据系列格式"选项,如图7-28所示。

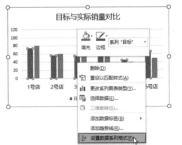

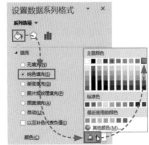

图7-28　　　　　　　　　　**图7-29**

打开"设置数据系列格式"窗格,在"填充与线条"选项卡中的"填充"组内设置所选系列的颜色即可,如图7-29所示。

若只想对数据系列中的某一个图形进行设置,需要先将该图形单独选中,然后再进行设置。两次单击要设置颜色的图形可将该图形选中,随后参照上述步骤设置其颜色即可,如图7-30所示。

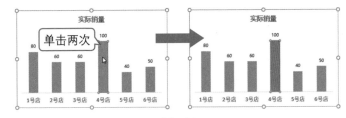

图7-30

📖 **知识点拨**

除了设置纯色填充,用户还可为数据系列设置渐变填充、图片或纹理填充等;另外,通过调节"透明度"值还可设置填充效果的透明度,如图7-31所示。

图7-31

7.2.4　交换图表坐标轴

图表水平坐标轴和垂直坐标轴的值可以交换显示,从而改变图表对数据的呈现效果,从多个角度分析数据。选中图表,打开"图表工具—设计"选项卡,在"数据"组中单击"切换行/列"按钮,如图7-32所示。即可交换水平坐标轴和垂直轴的值,如图7-33所示。

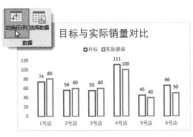

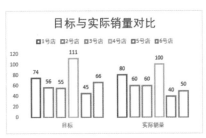

图7-32　　　　　　　　　**图7-33**

7.2.5 添加或删除图表系列

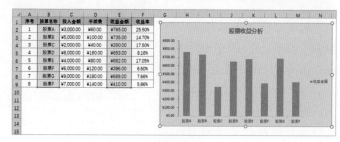
▶扫一扫 看视频◀

为了实现全方位分析数据，创建图表后还可以继续向图表中添加数据系列。先利用数据源中的"股票名称"和"收益金额"创建簇状柱形图，此时的图中只有一个"收益金额"柱形系列，如图7-34所示。

图7-34

随后选中图表，打开"图表工具—设计"选项卡，在"数据"组中单击"选择数据"按钮，弹出"选择数据源"对话框，单击"添加"按钮，如图7-35所示。

在打开的"编辑数据系列"对话框中设置系列名称为"收益率"，在"系列值"文本框中引用数据源中的"F2:F9"单元格区域（收益率具体数值），然后单击"确定"按钮。返回到"选择数据源"对话框，此时在"图例项"列表框中已经出现了刚添加的选项，单击"确定"按钮，关闭对话框，如图7-36所示。

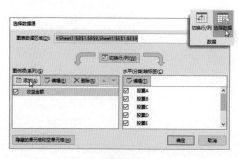

图7-35

图7-36

由于两个系列的数值范围相差太大，新添加的系列没有办法呈现出来，如图7-37所示。这时候用户可以更改图表类型为"组合"图表，将新添加的"收益率"系列更改为"折线图"并在"次坐标轴"显示，如图7-38所示。

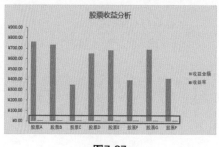

图7-37

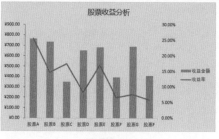

图7-38

删除数据系列的方法和添加数据系列的方法相同。另外也有一种快捷方式可以删除数据系列，选中要删除的系列，直接按Delete键即可。

注意事项　组合图表的设置请参照本章7.1.6小节，"创建复合图表"的相关操作。

7.2.6　设置图表字体

图表中各种元素的文本字体格式可通过"字体"组中的各种命令或选项进行设置。例如设置图表标题的字体格式。

选中标题元素，打开"开始"选项卡，在"字体"组中设置标题的字体、字号、效果以及字体颜色等，如图7-39所示。设置完成的效果如图7-40所示。

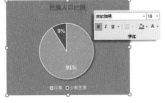

图7-39

图7-40

7.2.7　快速调整图表布局

通过添加或隐藏图表元素，或改变图表元素的显示位置，可以得到不同的图表布局，如图7-41所示。

如果想快速获得通用的图表布局可以在"图表工具—设计"选项卡中单击"快速布局"下拉按钮，从中选择一种满意的布局即可，如图7-42所示。

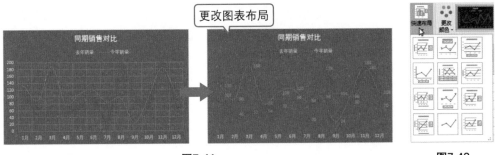

图7-41

图7-42

7.2.8　快速套用图表样式

默认创建的图表样式看起来比较普通，为图表套用一个内置样式便能够快速提升图表的美观度，如图7-43所示。

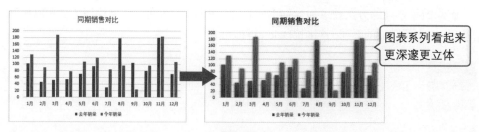

图7-43

选中图表后打开"图表工具—设计"选项卡，在"图表样式"组中包含了所有内置的图表样式，这些样式有一些被折叠了起来，单击"⯆"按钮，即可将所有图表样式显示出来，在需要的样式上方单击，即可应用该样式，如图7-44所示。

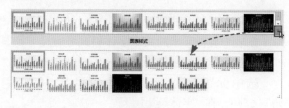

图7-44

7.3 图表中的重要元素

图表是由各种图表元素组成的。要想让图表更贴切地表达数据，便要合理地添加或去除一些元素。下面将对图表中的常见元素以及图表元素的基础操作进行介绍。

7.3.1 常见的图表元素

不同的图表类型，能够添加的图表元素也不相同，比较常用的图表元素包括图表系列、图表标题、坐标轴、数据标签、图例、网格线等。下面通过一张柱形图认识这些图表元素，如图7-45所示。

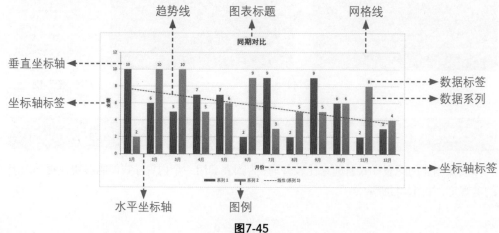

图7-45

▶扫一扫 看视频

7.3.2　添加或删除图表元素

通过"图表工具—设计"选项卡中的"添加图表元素"下拉列表，可以向图表中添加指定元素。每个选项的右侧都有一个"▶"图标，说明这些选项都包含下级选项。例如，当需要为图表添加坐标轴时，在"添加图表元素"下拉列表中选择"坐标轴"选项，在其下级列表中可以选择添加"主要横坐标轴"或添加"主要纵坐标轴"，如图7-46所示。

另外，用户也可以单

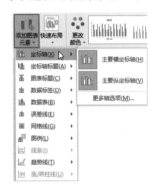

图7-46

图7-47

击图表右上角的"➕"按钮，通过勾选复选框向图表中添加相应元素，这些选项同样包含下级列表，例如添加图表标题时，可以选择标题的显示位置，如图7-47所示。

📖 **知识点拨**

若要删除某个图表元素，只要将其选中，在键盘上按Delete键即可。另外，选中图表元素后（数据系列除外），直接用鼠标拖拽可以将该元素移动到图表中的任意位置。

7.4　用微型图表展示数据趋势

所谓的微型图表即迷你图。迷你图是放在单元格中的小型图表，每个迷你图只能显示一行或一列中的数据。

7.4.1　迷你图的类型

迷你图只有3种类型，分别为"折线""柱形"以及"盈亏"，其效果如图7-48~图7-50所示。

	A	B	C	D	E	F	G	H	I	J	K	L	M	N	O	P	Q
1	日期	1/1	1/2	1/3	1/4	1/5	1/6	1/7	1/8	1/9	1/10	1/11	1/12	1/13	1/14	1/15	温度变化趋势
2	最高温度	14	11	13	13	11	14	13	15	12	9	6	8	15	5	9	
3	最低温度	-5	-4	7	4	-2	7	-5	-2	0	5	-1	6	8	4	5	

折线迷你图

图7-48

图7-49

图7-50

7.4.2 创建迷你图

迷你图的创建按钮保存在"插入"选项卡的"迷你图"组内,如图 7-51所示。用户可根据需要创建单个迷你图或一组迷你图。下面将介绍 迷你图的创建方法。

▶扫一扫 看视频◀

图7-51

如果要创建单个迷你图,则选中一个用于显示迷你图的单元格,然后单击相应的迷你 图按钮,这里单击"折线"按钮,系统随即弹出"创建迷你图"对话框,在"数据范围"文本 框中引用创建迷你图的单元格区域,然后单击"确定"按钮,如图7-52所示。

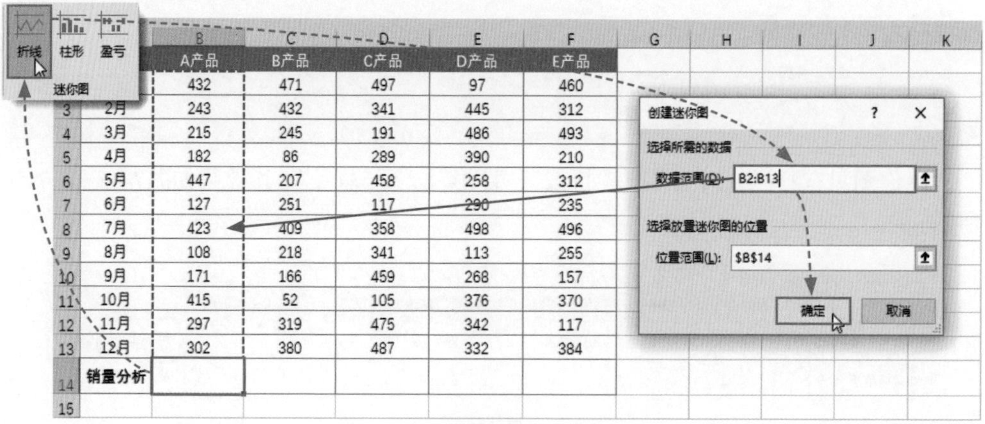

图7-52

单元格中随即生成一个折线迷你图，如图7-53所示。选中包含迷你图的单元格，向右侧拖动填充柄进行填充，即可获得一组迷你图，如图7-54所示。

月份	A产品	B产品	C产品	D产品	E产品
1月	432	471	497	97	460
2月	243	432	341	445	312
3月	215	245	191	486	493
4月	182	86	289	390	210
5月	447	207	458	258	312
6月	127	251	117	290	235
7月	423	409	358	498	496
8月	108	218	341	113	255
9月	171	166	459	268	157
10月	415	52	105	376	370
11月	297	319	475	342	117
12月	302	380	487	332	384
销量分析					

图7-53　　　　　　　　　　　　　　　　　图7-54

📖 知识点拨

用户也可一次性创建一组迷你图，方法和创建单个迷你图相似。只需要提前选中盛放一组迷你图的单元格区域，然后在"创建迷你图"对话框中将数据范围设置成这组迷你图对应的数据源所在区域即可。

7.4.3　更改迷你图类型

迷你图创建完成后可以更改其类型，从而判断哪种迷你图的呈现效果更理想。选中需要更改类型的迷你图所在单元格，打开"迷你图工具—设计"选项卡，在"类型"组中单击需要更改为的迷你图类型即可完成更改。如果是一组迷你图，只要选择其中的一个迷你图进行更改，一组迷你图类型都会被更改，如图7-55所示。

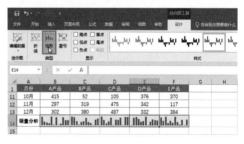

图7-55

7.4.4　设置迷你图样式

Excel内置了很多迷你图样式，为迷你图套用样式可快速美化迷你图。选中迷你图所在单元格，打开"迷你图工具—设计"选项卡，在"样式"组中可以查看所有迷你图样式，单击任意一个迷你图样式即可使用该样式，如图7-56所示。应用不同样式的迷你图效果如图7-57所示。

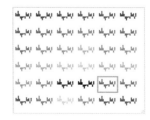

图7-56

图7-57

若要自定义迷你图样式，可以在“迷你图工具—设计”选项卡中单击“迷你图颜色”下拉按钮，从展开的列表中选择迷你图的颜色，或设置迷你图线条的粗细（仅折线迷你图可设置粗细），如图7-58所示。

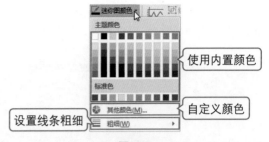

图7-58

7.4.5 设置重要标记点的颜色

迷你图中一些重要值可以用醒目的颜色突出显示，例如最大值、最小值、负值、起始数值等。具体操作步骤如下。

选中迷你图，在“迷你图工具—设计”选项卡中单击“标记颜色”下拉按钮，在展开的列表中选择需要设置的标记点，并在其下级颜色菜单中设置标记点颜色，如图7-59所示。

图7-59

随后可参照上述步骤继续设置其他标记点的颜色，效果如图7-60所示。

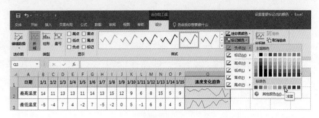

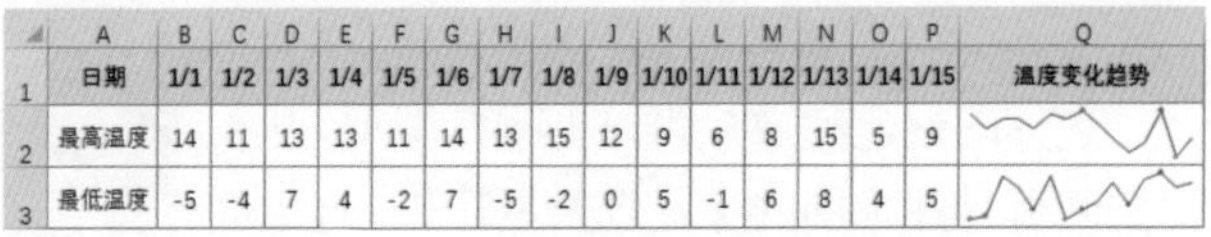

	A	B	C	D	E	F	G	H	I	J	K	L	M	N	O	P	Q
1	日期	1/1	1/2	1/3	1/4	1/5	1/6	1/7	1/8	1/9	1/10	1/11	1/12	1/13	1/14	1/15	温度变化趋势
2	最高温度	14	11	13	13	11	14	13	15	12	9	6	8	15	5	9	
3	最低温度	-5	-4	7	4	-2	7	-5	-2	0	5	-1	6	8	4	5	

图7-60

7.4.6 单独编辑一组迷你图中的其中一个

当对一组迷你图中的某一个进行编辑时，同一组的其他迷你图也会一同发生变化，若想单独对一组迷你图中的某一个进行单独编辑，需要将其取消组合。

在一组迷你图中选中需要取消组合、单独编辑的迷你图，打开“迷你图工具—设计”选项卡，在“组合”组中单击“取消组合”按钮即可取消当前迷你图与其他迷你图的组合，如图7-61所示。

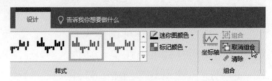

图7-61

7.4.7 清除迷你图

迷你图不能像普通图表一样按删除键或Delete键删除。删除迷你图的方法如下。

选中迷你图所在单元格，在"迷你图工具—设计"选项卡中单击"清除"下拉按钮，通过下拉列表中的两个选项可清除所选迷你图，或清除一组迷你图，如图7-62所示。

图7-62

拓展练习：制作渐变销售趋势分析图表

▶扫一扫 看视频◀

本章主要学习了图表的基本操作，包括图表的创建、大小和位置的调整，图表类型的更改，图表的快速布局，图表元素的添加和删除以及迷你图的应用，等等。下面将制作一份渐变效果的趋势分析图表，对所学知识进行加深和巩固。

Step 01 选中数据源中的任意一个单元格，打开"插入"选项卡，在"图表"组中单击"插入折线图或面积图"按钮，在展开的列表中选择"面积图"，如图7-63所示。

Step 02 工作表中随即插入一张面积图。选中图表，打开"图表工具—设计"选项卡，单击"更改图表类型"按钮，如图7-64所示。

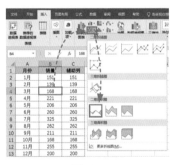

图7-63

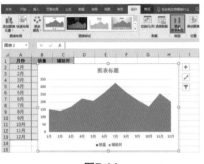

图7-64

Step 03 弹出"更改图表类型"对话框。打开"所有图表"选项卡，选择"组合"选项，设置"销量"的图表类型为"面积图"，设置"辅助列"为"带数据标记的折线图"，单击"确定"按钮，如图7-65所示。

Step 04 图表系列随即发生相应更改，单击选中折线系列，然后在折线系列上方右击，在弹出的右键菜单中选择"设置数据系列格式"选项，如图7-66所示。

图7-65

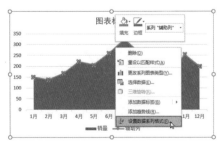

图7-66

Step 05 打开"设置数据系列格式"窗格,打开"填充与线条"选项卡,设置线条类型为"实线",颜色为"浅蓝",宽度为"1.5磅",在窗格最底部勾选"平滑线"复选框,如图7-67所示。图表中的折线系列随即变成浅蓝色的平滑曲线,如图7-68所示。

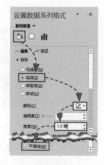

图7-67

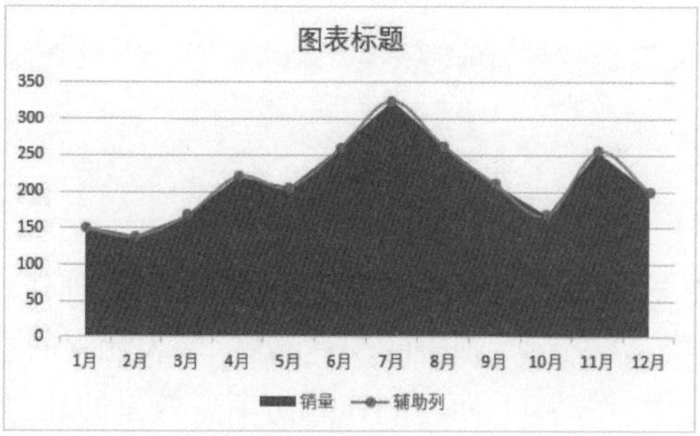

图7-68

Step 06 在"设置数据系列格式"窗格中设置"标记"的填充效果为"纯色填充",颜色为"浅蓝",如图7-69所示。

Step 07 设置"标记"的边框为"无线条"。随后展开"数据标记选项"组,选择"内置"单选按钮,类型保持默认,设置大小为"4",如图7-70所示。

Step 08 数据标记的效果制作完成后,在图表中单击面积图的数据系列,切换编辑对象,如图7-71所示。

图7-69

图7-70

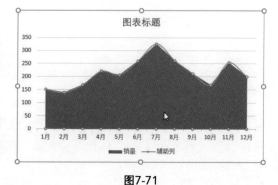

图7-71

Step 09 在"设置数据系列格式"窗格中设置面积图系列的填充效果为"渐变填充",方向为"线性向上",删除多余的渐变光圈,只保留左右两个,如图7-72所示。

Step 10 选中右侧的渐变光圈,设置其颜色为"浅蓝",透明度为"70%",随后选择左侧渐变光圈,设置填充色为"宝蓝",透明度为"100%",如图7-73所示。渐变光圈的颜色和透明度可根据实际情况进行调整,以达到最佳效果。

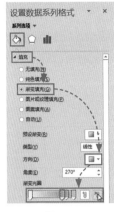
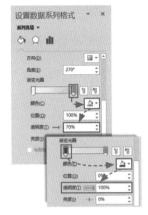

图7-72　　　　　　　　图7-73

Step 11　此时图表已经呈现出了半透明渐变效果。依次选中"垂直坐标轴"和"图例",按Delete键删除,如图7-74所示。

Step 12　选中折线系列,单击图表右上角的"图表元素"按钮,选择"数据标签"选项,在其下级列表中选择"上方"选项,在折线上方添加数据标签,如图7-75所示。

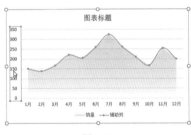
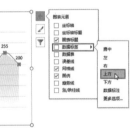

图7-74　　　　　　　　　　　　　图7-75

Step 13　单击任意一个数据标签,将所有数据标签选中。在"开始"选项卡的"字体"组内设置字体颜色及大小。随后修改图表标题为"全年销售趋势分析",然后将标题向图表左上角拖动,如图7-76所示。

Step 14　至此完成渐变销售趋势分析图表的制作,最终效果如图7-77所示。

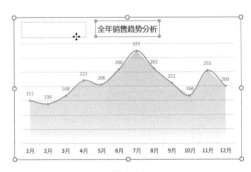
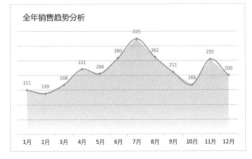

图7-76　　　　　　　　　　　　图7-77

知识总结：用思维导图学习数据分析

图表的基础应用思维导图如下图所示。用户可参照思维导图整理学习思路，回顾所学知识，巩固学习效果。

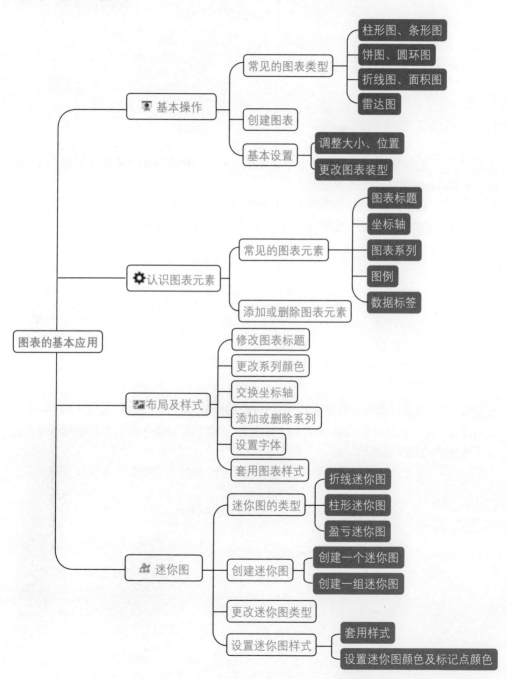

第**8**章

编辑图表元素的
不二法门

图表的类型虽然有限，但却能呈现出千变万化的效果，这便是编辑图表元素的重要性。本章将对各种图表元素的编辑技巧进行详细介绍。

8.1 饼图系列的典型编辑法

饼图系列是由若干个扇形组成的,扇形可以分离、旋转角度并设置出各种填充效果。下面将对饼图系列的设置进行详细介绍。

8.1.1 设置扇形的填充及边框效果

通过内置的配色可快速改变图表各个系列的填充效果,内置的配色分为"彩色"和"单色"两种效果,如图8-1、图8-2所示。

(1)设置扇形的填充色

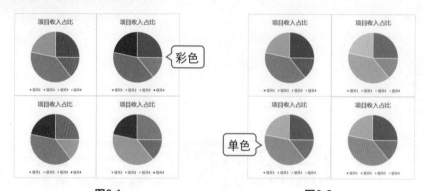

图8-1　　　　　　　　　　　　　图8-2

注意事项 使用内置配色快速更改图表颜色的方法请参照第7章的7.2.2小节。

除了使用内置配色,用户还可以单独为饼图的每一个扇形设置填充色。具体操作方法如下。

在需要设置颜色的扇形上方单击两次,将该扇形选中,如图8-3所示。随后右击该扇形,在弹出的菜单中选择"设置数据点格式"选项,如图8-4所示。

打开"设置数据点格式"窗格,切换到"填充与线条"选项卡,选中"纯色填充"单选按钮,然后通过"颜色"菜单选择需要使用的颜色,如图8-5所示。

图8-3　　　　　　　　　　图8-4　　　　　　　　　　图8-5

如果颜色菜单中没有想要的颜色，可以通过"颜色"对话框选择想要的颜色。"颜色"对话框中包含"标准"和"自定义"两个选项卡，在"标准"选项卡中可以选择一种标准色，如图8-6所示。在"自定义"选项卡中则可以设置RGB值或在色谱上选择一个颜色，然后调整其饱和度得到想要的颜色，如图8-7所示。

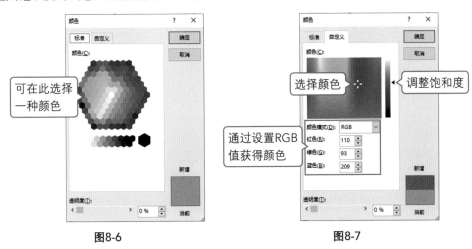

图8-6　　　　　　　　　　　　　　　图8-7

（2）设置饼图边框效果

为饼图系列设置边框时，可单击任意扇形，将整个系列选中，如图8-8所示。然后右击任意扇形，在弹出的菜单中选择"设置数据系列格式"选项，如图8-9所示。

打开"设置数据系列格式"窗格，切换到"填充与线条"选项卡，在"边框"组中即可设置图表的边框，如图8-10所示。不同边框效果如图8-11所示。

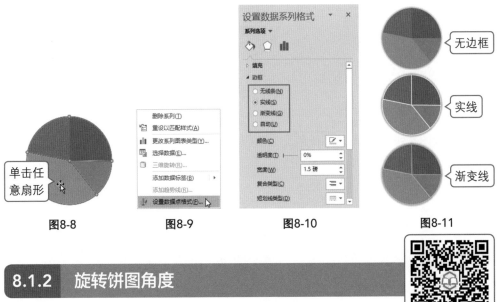

图8-8　　　　　图8-9　　　　　图8-10　　　　　图8-11

8.1.2 旋转饼图角度

饼图中扇形系列的角度可以根据需要进行调整，如图8-12所示。双

击任意扇形,打开"设置数据系列格式"窗格,切换到"系列选项"选项卡,调整"第一扇区起始角度"即可改变扇形的角度,如图8-13所示。

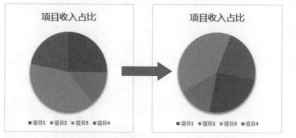

图8-12

图8-13

8.1.3　设置饼图分离

饼图的各个扇形或指定的某个扇形可分离显示,且操作方法非常简单,直接使用鼠标拖拽即可完成。

（1）分离指定扇形

选中饼图系列,将光标放在需要分离的扇形上方,如图8-14所示。按住鼠标左键向远离圆心的方向拖动鼠标,如图8-15所示。松开鼠标后即可将所选扇形分离出来,如图8-16所示。

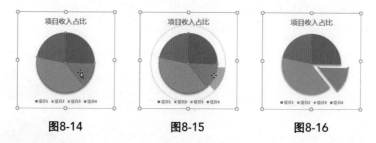

图8-14　　　　　　　　图8-15　　　　　　　　图8-16

（2）分离所有扇形

选中饼图系列,将光标放在任意系列的外侧边缘处,如图8-17所示。按住鼠标左键,向远离圆心的方向拖动鼠标,如图8-18所示。松开鼠标后所有扇形随即全部分离,如图8-19所示。

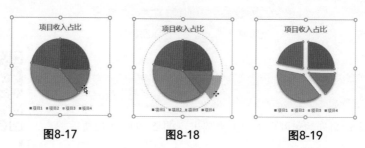

图8-17　　　　　　　　图8-18　　　　　　　　图8-19

8.2 柱形图的经典设置

根据柱形系列的长短可以直观对比数据的大小。下面将介绍柱形系列的编辑技巧。

8.2.1 更改三维柱形图的柱体形状

三维柱形图的系列默认为立体的箱形效果,用户可根据需要修改柱体的形状,如图8-20所示。具体操作方法如下。

双击图表系列的任意一个柱形,打开"设置数据系列格式"窗格,在"系列选项"选项卡中的"柱体形状"组内选择一个形状即可将图表系列更改为相应形状,如图8-21所示。

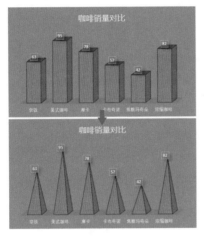

图8-20

图8-21

8.2.2 调整柱形的间距和宽度

柱形系列的间距和宽度并不是固定不变的,用户可以双击柱形图中的任意柱形,打开"设置数据系列格式"窗格,在"系列选项"选项卡中设置"系列重叠"以及"间隙宽度"值改变柱形的间距和宽度,如图8-22所示。

"系列重叠"的取值范围介于"-100%"~"100%",重叠指数越低系列间距越大,重叠指数越高系列间距越小。当值为"0%"时,系列间距为"0",不同系列会紧贴在一起。当值为"100%"时,不同系列会重叠,在后面显示且数值较小的系列会被遮挡,如图8-23所示。

图8-22

"间隙宽度"取值范围介于"0%"~"500%",间隙越小柱形越宽,间隙越大柱形越窄,如图8-24所示。

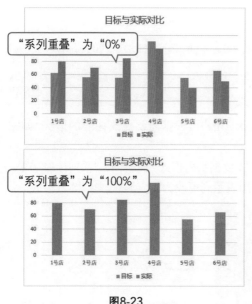

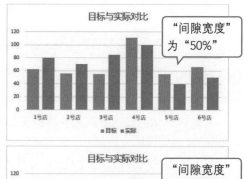

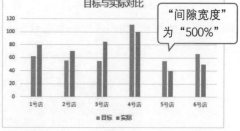

图8-23 图8-24

8.2.3 用实物图形替换柱形系列

用实物图形代替柱形可以让图表更生动形象，如图8-25所示。这种图表系列看起来很复杂，其实制作方法非常简单。

首先准备用于替换柱形的图片，将图片放入工作表中（不放入工作表也可以），先复制图片，然后在图表中双击任意柱形，如图8-26所示。

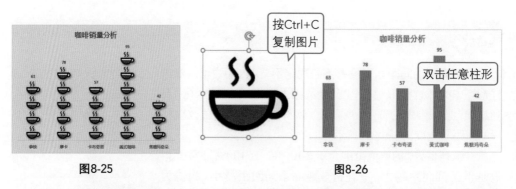

图8-25 图8-26

打开"设置数据系列格式"窗格，切换到"填充与线条"选项卡，在"填充"组内选中"图片或纹理填充"单选按钮，随后单击"剪贴板"按钮，如图8-27所示。图表中的柱形系列随即被复制的图片替换，但是此时，图片被拉伸变形，如图8-28所示。

继续在刚才的窗格中选择"层叠"单选按钮，柱形系列中的图形会自动缩放并叠加显示，如图8-29所示。最后对图表进行适当美化即可。

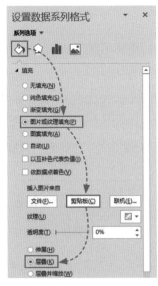

图8-27

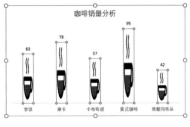

图8-28

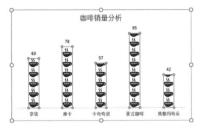

图8-29

8.2.4 设置透明柱形系列效果

透明的系列效果可以通过去除填充色或调节透明度实现。在图表中双击任意柱形,打开"设置数据系列格式"窗格,在"填充与线条"选项卡中的"填充"组内选择"无填充"单选按钮,如图8-30所示。即可去除柱形的填充色,将柱形设置成透明效果,如图8-31所示。

为系列设置"纯色填充""渐变填充"或"图案填充"后,在"填充"组中设置"透明度"的百分比即可调整数据系列的透明度,如图8-32所示。将柱形系列的透明度设置为80%的效果如图8-33所示。

图8-30

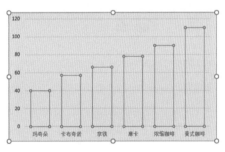

图8-31

图8-32

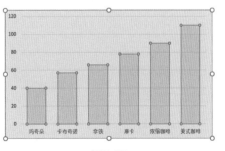

图8-33

8.3 坐标轴的编辑技巧

坐标轴是柱形图、折线图、面积图等类型图中的重要元素。坐标轴的设置直接影响数据系列的显示效果,下面将对坐标轴的设置技巧进行详细介绍。

8.3.1 修改垂直轴的取值范围及刻度单位

垂直坐标轴的取值范围是根据数据源中的值自动确定的。若要更改取值范围,可以在图表中双击"垂直轴",如图8-34所示。打开"设置坐标轴格式"窗格,打开"坐标轴选项"选项卡,在"坐标轴选项"组中调整"边界"的"最大值"和"最小值",可以重新确定垂直轴的取值范围;设置"单位"的"大"和"小"值,可以重新确定刻度单位,如图8-35所示。设置完成后垂直轴及系列的变化如图8-36所示。

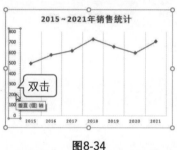

图8-34

图8-35

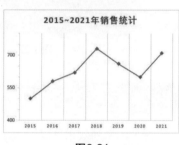

图8-36

8.3.2 翻转坐标轴

(1)翻转值坐标轴

值坐标轴默认自下向上或自左向右显示,其显示方向可以翻转,如图8-37所示。翻转值坐标轴的方法如下。

在图表中双击值坐标轴,打开"设置坐标轴格式"窗格,切换到"坐标轴选项"选项卡,在"坐标轴选项"组中勾选"逆序刻度值"复选框,即可将坐标轴翻转,如图8-38所示。

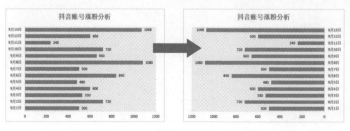

图8-37

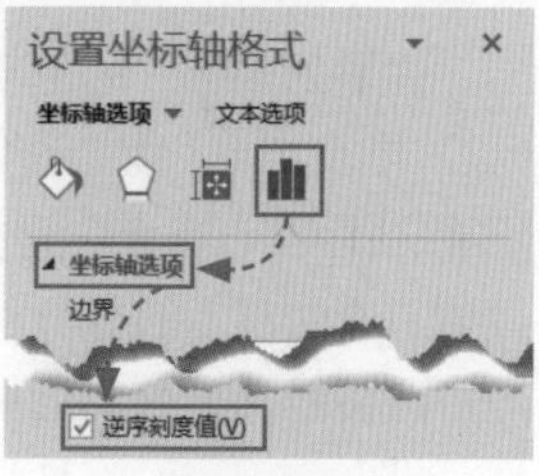

图8-38

（2）翻转类别坐标轴

不仅值坐标轴可以翻转，类别坐标轴也可翻转显示，如图8-39所示。设置类别坐标轴翻转时，需要在图表中双击类别坐标轴，然后在"设置坐标轴格式"窗格中勾选"逆序类别"复选框即可，如图8-40所示。

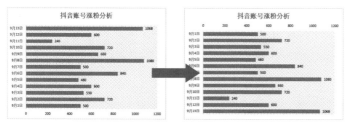

图8-39

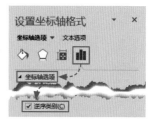

图8-40

注意事项

"值"轴包含数据，"类别"轴显示文本标签而非数字间隔，提供的刻度选项也比垂直坐标轴少。不同类型的图表，值轴和类别轴的显示位置并不相同，一般柱形图和折线图的垂直轴为值轴，水平轴为类别轴，而条形图则相反。

8.3.3 设置对数刻度

当数值相差较大时，有些较小的值在图表中不能很直观地显示出来。如果将图表垂直坐标轴上的刻度更改为对数，则较小的数值也可以很明显地呈现出来，如图8-41所示。设置方法如下。

在图表中双击垂直（值）轴，打开"设置坐标轴格式"窗格，切换到"坐标轴选项"选项卡，在"坐标轴选项"组中勾选"对数刻度"复选框即可，如图8-42所示。

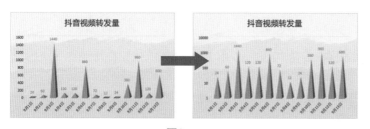

图8-41

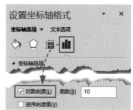

图8-42

8.3.4 水平轴不显示标签内容的处理方法

数据源的第一列数据通常是图表的水平（类别）轴，当第一列中的数据为数字时，默认创建的图表会将其识别为坐标系，而水平轴中的标签自动以1、2、3……显示，如图8-43所示。

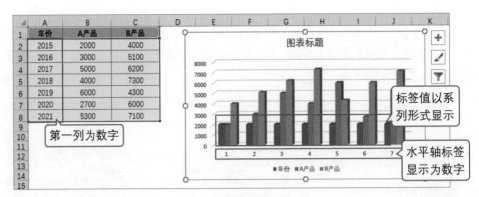

图8-43

若要使用数据源第一列中的值作为图表水平轴标签,则需要重新选择水平轴标签。下面介绍具体操作方法。

选中图表,打开"图表工具—设计"选项卡,在"数据"组中单击"选择数据"按钮。弹出"选择数据源"对话框,在"水平(分类)轴标签"列表框中单击"编辑"按钮,如图8-44所示。在弹出的"轴标签"对话框中引用数据源第一列中要作为标签的单元格区域,随后单击"确定"按钮,如图8-45所示。

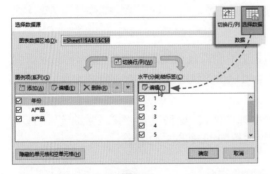

图8-44

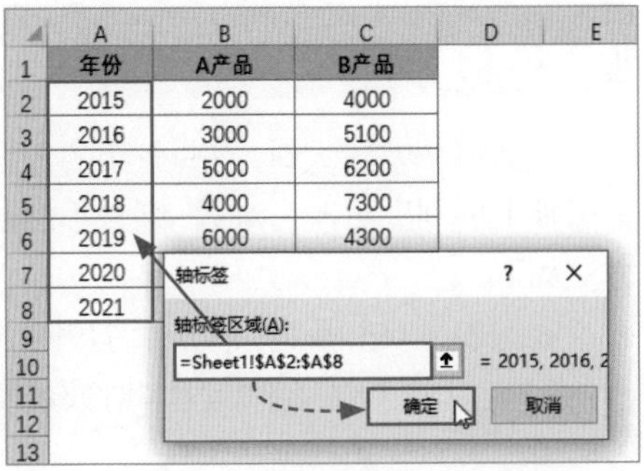

图8-45

在"图例项(系列)"列表框中选择"年份"选项,单击"删除"按钮将其删除,最后单击"确定"按钮关闭对话框,如图8-46所示。图表中随即做出相应调整,如图8-47所示。

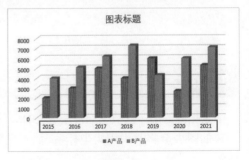

图8-46

图8-47

8.3.5　调整坐标轴值的数字格式

图表坐标轴中的数据可以根据需要调整其格式。例如在水平坐标轴中表示年份的数字后显示字符"年"，将垂直轴中的数字格式设置为货币格式，如图8-48所示。

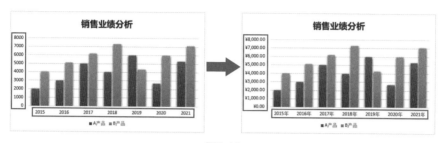

图8-48

下面介绍设置方法。在图表中双击水平坐标轴，打开"设置坐标轴格式"窗格。切换到"坐标轴选项"选项卡，展开"数字"组，保持"类别"为"常规"，在"格式代码"文本框中的"G/通用格式"之后输入字符"年"，如图8-49所示。随后单击"添加"按钮，将该格式代码添加到"自定义"类型中，如图8-50所示。此时图表水平坐标轴的每一个标签后便被添加了"年"字。

在图表中选中垂直坐标轴。继续在"设置坐标轴格式"窗格中设置数字格式。单击"数字"组中的"类别"下拉按钮，从展开的列表中选择"货币"选项，即可将垂直坐标轴中的数字设置成货币格式，如图8-51所示。

图8-49

图8-50

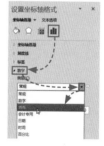
图8-51

8.3.6　以万为单位显示坐标轴值

坐标轴中的数值太大不利于阅读，此时，可以为这些数值设置合适的单位，例如以万元为单位显示数值，如图8-52所示。

下面介绍设置方法。双击垂直坐标轴，打开

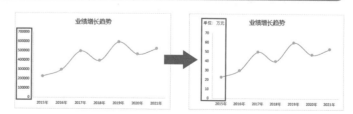
图8-52

"设置坐标轴格式"窗格。切换到"坐标轴选项"选项卡，在"坐标轴选项"组中单击"显示单位"下拉按钮,从下拉列表中选择"10000",随后勾选"在图表上显示单位标签"复选框,如图8-53所示。

垂直轴中的值随即被缩小10000倍,并在垂直轴左侧出现"×10000"的标签,如图8-54所示。选中单位标签修改其中的内容为"单位:万元",如图8-55所示。

为了让单位标签中的内容更便于阅读,可以将其调整为横排显示。双击垂直轴单位标签,打开"设置显示刻度单位标签格式"窗格,切换到"大小与属性"选项卡,在"对齐方式"组中设置文字方向为"横排"即可,如图8-56所示。最后可以拖动单位标签,将其放置在合适的位置。

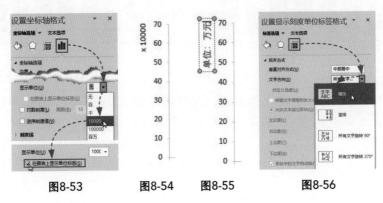

图8-53　　　　图8-54　　图8-55　　　　图8-56

8.4 数据标签的设置

数据标签能够明确显示当前系列点的具体数值或所占百分比。通过设置还可在数据标签中显示单元格中的值、系列名称、类别名称等内容,下面将对数据标签的设置进行详细介绍。

8.4.1 将数据标签以百分比形式显示

在饼图或圆环图中经常会显示每个系列点所占的百分比。如果数据源中的值不是百分比值,而是常规数字,默认添加的数据标签只会以常规的数字形式显示,如图8-57所示。

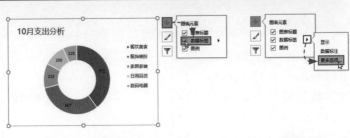

图8-57　　　　　　　　　　　　　图8-58

若要将数字转换成百分比,可以在"图表元素"列表中单击"数据标签"选项右侧的"▶"按钮,在下级列表中选择"更多选项"选项,如图8-58所示。

打开"设置数据标签格式"窗格，切换到"标签选项"选项卡，在"标签选项"组中取消"值"复选框的勾选，然后勾选"百分比"复选框，如图8-59所示。即可将数据标签由数字更改为百分比，如图8-60所示。

图8-59

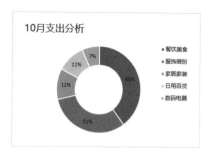

图8-60

8.4.2　在数据标签中显示单元格中的内容

▶扫一扫　看视频◀

指定单元格中的内容也可在数据标签中显示，下面介绍具体操作方法。

在图表中双击数据标签，打开"设置数据标签格式"窗格。切换到"标签选项"选项卡，在"标签选项"组中勾选"单元格中的值"复选框，如图8-61所示。

系统随即弹出"数据标签区域"对话框，在工作表中引用要添加到数据标签的单元格区域，随后单击"确定"按钮，如图8-62所示。

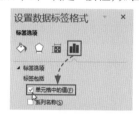

图8-61

图8-62

此时数据标签中已经显示出了所选单元格中的内容，但是内容太长会超出对应的系列点，如图8-63所示。此时可以继续在"设置数据标签格式"窗格中设置"分隔符"的样式为"（新文本行）"，如图8-64所示。数据标签中的内容即可自动换行显示，如图8-65所示。

图8-63

图8-64

图8-65

📖 **知识点拨**

在"设置数据标签格式"窗格中勾选或取消勾选其他复选框，可向数据标签中添加或删除指定内容，例如还可显示"系列名称""类别名称""显示引导线"等。

8.4.3　添加数据标注

选中图表,单击图表右上角的"图表元素"按钮,打开"图表元素"列表单,将光标指向"数据标签"选项,单击其右侧的"▶"按钮,在下级列表中选择"数据标注"选项即可为图表添加数据标注,如图8-66所示。

两次单击某个数据标注,将其选中,拖动标注可改变数据标注的位置,如图8-67所示。

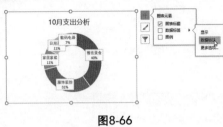

图8-66

图8-67

8.5　设置图表背景

设置图表背景可以起到美化图表、突出图表系列的作用。图表的背景可以设置出多种多样的效果,包括纯色、渐变、图片、图案等效果。

8.5.1　设置纯色背景

图表背景通常在"设置图表区格式"窗格中设置。双击图表区打开"设置图表区格式"窗格,如图8-68所示。在窗格中切换到"填充与线条"选项卡,在"填充"组内选中"纯色填充"单选按钮,然后选择一种合适的填充色,如图8-69所示。图表随即被所选颜色填充,如图8-70所示。

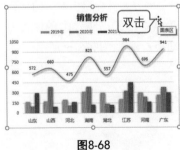

图8-68

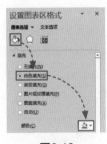

图8-69

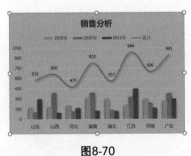

图8-70

8.5.2　设置渐变背景

系统内置了一些渐变效果,用户可在"设置图表区格式"窗格中切换到"填充与线条"选项卡,在填充组内选中"渐变填充"单选按钮,然后选择"预设渐变"选项,从展开的列表中选择一种渐变效果，如图8-71所示。

　　若要自定义渐变效果，需要设置好"类型""方向""渐变光圈"的数量，每个渐变光圈的颜色和位置等参数，如图8-72所示。

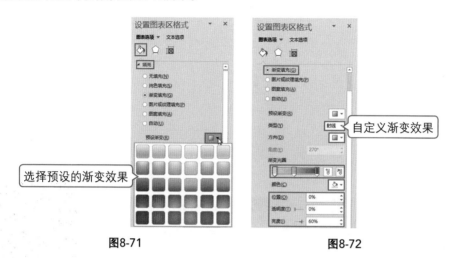

图8-71　　　　　　　　　　　　　　　　　图8-72

8.5.3　设置图片背景

　　为图表设置图片背景有多种操作方法。双击图表区打开"设置图表区格式"窗格。切换到"填充与线条"选项卡，在"填充"组内选中"图片或纹理填充"单选按钮。接下来可选择插入图片的方式，这里提供了从文件中选择、使用剪切板中的图片以及联机图片三种方式，用户可根据需要选择使用何种方式插入图片，如图8-73所示（使用剪贴板插入图片的方法请参照第8.2.3小节）。为图表设置图片背景的效果如图8-74所示。

图8-73

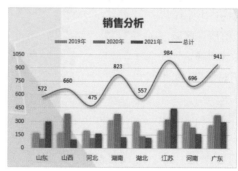

图8-74

注意事项　背景图片默认以图表的比例压缩显示，如果图片和图表的比例相差较大，背景则会变形，此时用户可勾选"将图片平铺为纹理"复选框，让图片平铺显示。

8.5.4 隐藏背景

将图表区的填充效果设置成"无填充"，将边框设置成"无线条"，即可达到隐藏背景的效果，如图8-75所示。

图8-75

拓展练习：制作销售分析玫瑰图

▶扫一扫 看视频◀

本章主要学习了常见图表元素的编辑方法，下面将利用所学知识制作一份销售数据分析玫瑰图表。

Step 01 选中数据源中的任意单元格，打开"插入"选项卡，在"图表"组中单击"插入饼图或圆环图"按钮，插入一个圆环图，如图8-76所示。

Step 02 选中图表打开"图表工具—设计"选项卡，在"数据"组中单击"选择数据"按钮。打开"选择数据源"对话框，在"图例项（系列）"列表中单击"添加"按钮，如图8-77所示。

Step 03 弹出"编辑数据系列"对话框，在"系列名称"文本框中引用值标签所在单元格，在"系列值"文本框中引用所有营业额数值所在区域，随后单击"确定"按钮关闭对话框，如图8-78所示。

图8-76

图8-77

Step 04 "图例项（系列）"列表框中随即增加一个"营业额"系列。保持该新增信息为选中状态，单击"水平（分类）轴标签"列表框中的"编辑"按钮，如图8-79所示。

图8-78

图8-79

Step 05 弹出"轴标签"对话框，在文本框中引用地区名称所在单元格区域，然后单击"确定"按钮，如图8-80所示。

Step 06 此时"选择数据源"对话框中，新增系列的水平轴标签由原来的1、2、3……变成了对应的地区名称，如图8-81所示。

图8-80　　　　　　　　　　　　　　　　图8-81

Step 07 重复操作Step02～Step05，向"图例项（系列）"列表中再添加6个相同的系列，操作完成后单击"确定"按钮关闭对话框，如图8-82所示。

Step 08 此时圆环图中的环形系列由最初的1个增加到了8个，如图8-83所示。

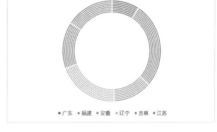

图8-82　　　　　　　　　　　　　　　　图8-83

Step 09 双击图表中的任意圆环，打开"设置数据系列格式"窗格。切换到"系列选项"选项卡，设置"圆环图内径大小"为"10%"，此时圆环图的内径缩小，环形系列的宽度则相应增加，如图8-84所示。

Step 10 两次单击橙色区域的最外侧圆弧，将该部分弧形单独选中，如图8-85所示。

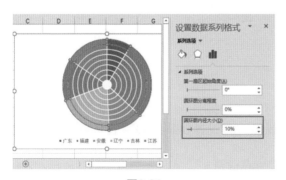

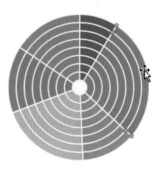

图8-84　　　　　　　　　　　　　　　　图8-85

Step 11 在"设置数据点格式"窗格中打开"填充与线条"选项卡, 在"填充"组中选择"纯色填充"单选按钮, 单击"颜色"下拉按钮, 从颜色列表中选择"其他颜色"选项, 如图8-86所示。

Step 12 弹出"颜色"对话框, 在"标准"选项卡中选择一个满意的颜色, 单击"确定"按钮, 如图8-87所示。

Step 13 在"边框"组中选择"实线"单选按钮, 单击"颜色"下拉按钮, 从最近使用的颜色中选择与填充色相同的颜色, 如图8-88所示。

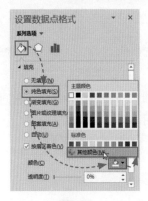 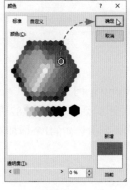 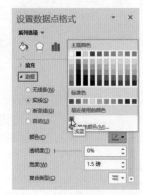

图8-86   图8-87   图8-88

Step 14 所选弧形随即被填充相应颜色, 随后参照Step10～Step13, 继续将当前区域中的其他弧形全部设置成相同颜色, 如图8-89所示。

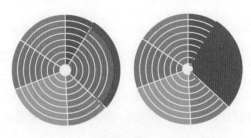

图8-89

 注意事项 设置的过程中应注意边框颜色的设置, 若忽略了边框颜色, 则弧形之间会存在间隙。

Step 15 选中灰色区域的最外侧弧形, 在"设置数据点格式"窗格中设置填充色为白色, 如图8-90所示。

Step 16 将边框颜色也设置成白色, 如图8-91所示。此时所选弧形即被隐藏在了白色背景中, 如图8-92所示。

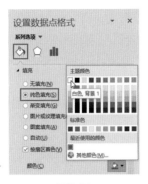

图8-90

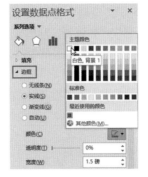

图8-91

图8-92

 隐藏弧形时应该根据图表背景颜色来选择弧形的填充色及边框颜色。由于本例中图表的背景是默认的白色，所以才将弧形设置成白色。

Step 17 参照上述步骤继续隐藏需要隐藏的弧形，并修改弧形的颜色，当所有区域的颜色设置完成后便形成了玫瑰图，如图8-93所示。

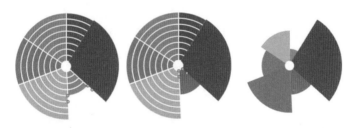

图8-93

Step 18 接下来设置图表的数据标签。单击选中玫瑰图中间位置的环形，单击图表右上角的"图表元素"按钮，勾选"数据标签"复选框，图表系列中随即显示数据标签，如图8-94所示。

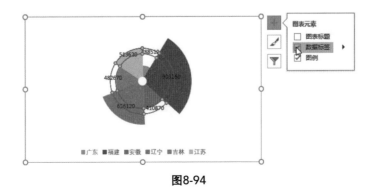

图8-94

187

Step 19 在"设置数据标签格式"窗格中打开"标签选项"选项卡,在"标签选项"组中勾选"类别名称"复选框,随后设置"分隔符"为"(新文本行)",如图8-95所示。

Step 20 在"数字"组中的"格式代码"文本框中输入"0!.0,万元",随后单击"添加"按钮,如图8-96所示。

Step 21 格式代码随即被添加到自定义类别中并自动应用到数据标签,如图8-97所示。

图8-95   图8-96   图8-97

Step 22 由于扇形的区域大小不一,较小的扇形中无法盛纳数据标签。此时可适当调整数据标签的位置,两次单击,选中需要调整位置的数据标签,将光标移动到文本框边框上方,按住鼠标左键,向目标位置拖动,松开鼠标后该标签的位置便发生了变化。随后将其他标签的位置调整好,将在扇形中显示的标签颜色设置成白色,如图8-98所示。

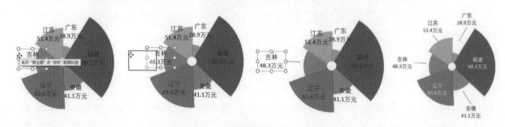

图8-98

Step 23 为图表添加标题,将图例移动到图表右侧显示,如图8-99所示。

Step 24 最后修改图表标题,并将标题移动到图表左上角显示。至此完成销售分析玫瑰图的制作,如图8-100所示。

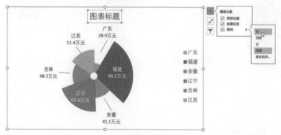
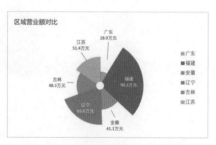

图8-99   图8-100

知识总结：用思维导图学习数据分析

　　常见图表元素编辑方法如下图所示。用户可参照思维导图整理学习思路，回顾所学知识，巩固学习效果。

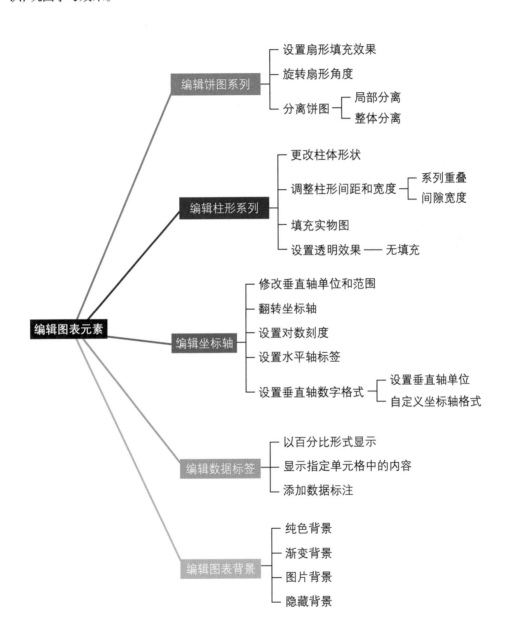

第 9 章

数据在图表中
的完美演绎

那些看起来"高大上"的图表并非都是用专业软件制作的，在Excel中对普通图表加以设置也可以制作出很高级的效果。本章将详细介绍常见创意图表的制作方法。

9.1 创意饼图的制作

饼图可以制作出非常多的创意效果，例如阶梯式三维立体饼图、局部分离的复合饼图、双层互补圆环图、半圆图表等。

9.1.1 制作阶梯式三维立体饼图

三维饼图可以自由调整系列的高度，但是同一图表中的不同扇形系列点的高度不能设置为不同的高度。本例将采用多个图表组合的思路制作阶梯式三维立体饼图。操作步骤如下。

Step 01 根据数据源创建三维饼图，删除图表中的多余元素，只保留饼图系列。随后向饼图中添加"数据标签"，如图9-1所示。

Step 02 双击任意数据标签，打开"设置数据标签格式"窗格，将标签更改为"百分比"，并添加"类别名称"，如图9-2所示。

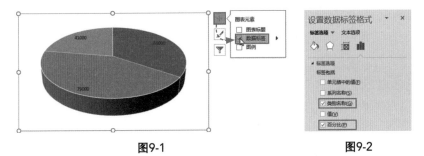

图9-1   图9-2

Step 03 设置第一扇区起始角度，让最小的数据系列点在最前面显示，如图9-3所示。旋转起始角度后图表的效果如图9-4所示。

 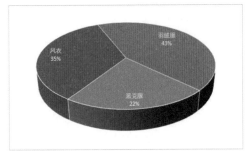

图9-3   图9-4

Step 04 将图表区的填充效果设置为"无填充"，边框设置为"无线条"，如图9-5所示。

Step 05 复制两份图表，每个图表中只保留一个扇形的数据标签，如图9-6所示。两次单击指定的标签可单独选中该标签，按Delete键即可将其删除。

Step 06 依次将三张图表中不带数据标签的系列点隐藏,如图9-7所示。两次单击某个扇形系列点,将该扇形选中,在"设置数据点格式"窗格中设置填充效果为"无填充",边框为"无线条",即可隐藏所选扇形系列。

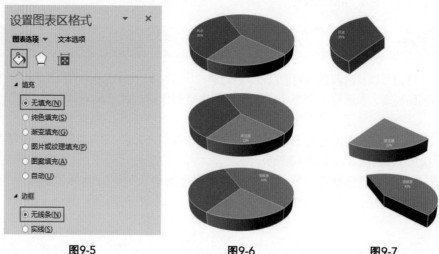

图9-5　　　　　　　　　图9-6　　　　　　　　　图9-7

Step 07 右击任意一个可见的扇形系列点,在弹出的菜单中选择"三维旋转"选项,如图9-8所示。

Step 08 打开"设置图表区格式"窗格,在"效果"选项卡中的"三维旋转"组中取消勾选"自动缩放"复选框,然后勾选"直角坐标轴"复选框,根据需要设置"高度"值,如图9-9所示。

Step 09 所选扇形系列点的高度随即发生相应变化,如图9-10所示。最后参照上述步骤设置剩下两个扇形系列点的高度,并通过调整大小和位置将三个扇形组合在一起。至此完成阶梯式三维立体饼图的制作,效果如图9-11所示。

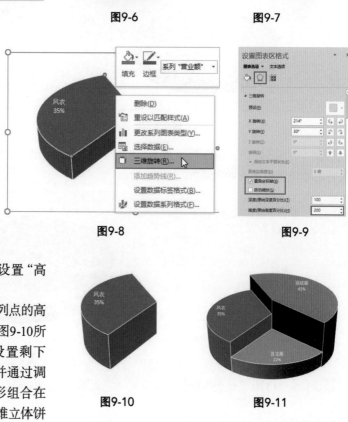

图9-8　　　　　　　　　图9-9

图9-10　　　　　　　　　图9-11

知识点拨

为了方便移动,可将三个图表组合在一起。在"开始"选项卡的"编辑"组中单击"查找和选择"下拉按钮,从展开的列表中选择"选择对象"选项,工作表进入选择对象模式,如图9-12所示。直接拖动鼠标,框选三个图表,在任意图表边框上方右击,选择"组合—组合"选项,即可组合图表,如图9-13所示。

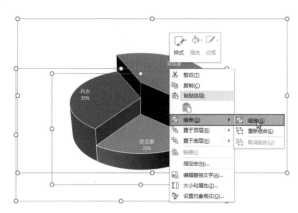

图9-12   图9-13

9.1.2   制作局部分离的复合饼图

▶扫一扫 看视频

当饼图中扇形的面积相差较大时,一些数值较小的扇形将无法看清,此时的图表不利于数据的展示。这时候可以使用复合饼图展示数据,制作步骤如下。

Step 01   根据数据源创建复合饼图,删除多余图表元素,向图表中添加数据标签,如图9-14所示。

Step 02   双击任意数据标签,打开"设置数据标签格式"窗格,取消勾选"值"复选框,隐藏标签中的值,勾选"百分比"和"类别名称"复选框,向标签中添加相应内容,如图9-15所示。

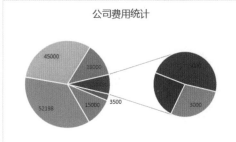

图9-14   图9-15

Step 03 两次单击，选中"办公费"系列点，如图9-16所示。打开"设置数据点格式"窗格，在"系列选项"选项卡中设置该系列点属于"第二绘图区"，如图9-17所示。将所选系列点移动到右侧的饼图中显示。

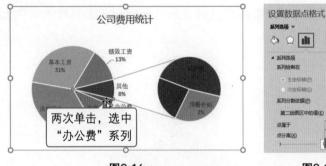

图9-16   图9-17

Step 04 两次单击，选中"其他"系列点，如图9-18所示。在"设置数据点格式"窗格中设置"点分离"的值，将所选系列从饼图中分离出来。另外，设置"第二绘图区大小"值还可调整右侧饼图的大小，如图9-19所示。

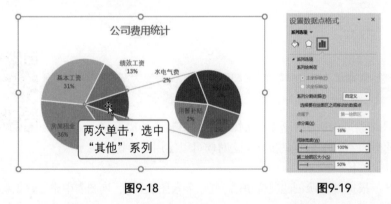

图9-18   图9-19

Step 05 适当调整数据标签的颜色和位置，至此局部分离的复合饼图制作完成，如图9-20所示。

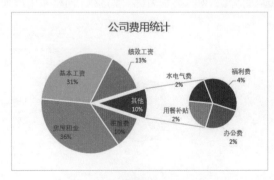

图9-20

9.1.3 制作双层复合饼图

双层复合饼图是利用两个相同的系列覆盖，然后调整上层系列的大小，经过设置后形成的效果。下面将介绍制作方法。

Step 01 根据数据源创建饼图，如图9-21所示。随后选中图表，打开"图表工具—设计"选项卡，单击"选择数据"按钮，打开"选择数据源"对话框。添加一个"数量"系列，然后修改其"水平（分类）轴标签"，如图9-22所示（具体步骤请参照第8章拓展练习Step02~Step05）。

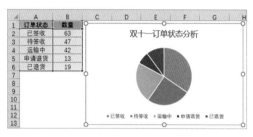

图9-21

图9-22

Step 02 此时，图表中已经包含了两个"饼图"系列，将其中一个饼图设置在"次坐标轴"显示，如图9-23所示。

Step 03 选中图表，双击任意扇形系列点，打开"设置数据系列格式"窗格，切换到"系列选项"选项卡，调整"饼图分离"值，如图9-24所示。

图9-23

图9-24

Step 04 位于上层的饼图随即被分离，如图9-25所示。随后依次单独选中被分离的扇形，分别将其饼图分离值设置为"0%"，此时上层的系列重新组合成了一个较小的饼图，如图9-26所示。

Step 05 依次选中下方饼图中数值较小的扇形，将填充效果设置成"无填充"边框效果设置成"无线条"，将这些扇形隐藏，如图9-27所示。随后依次将上下两层的饼图边框效果都设置为"无线条"。

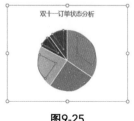

图9-25

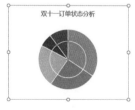

图9-26

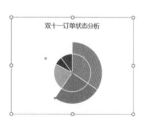

图9-27

Step 06 双击上层小饼图，打开"设置数据系列格式"窗格，切换到"效果"选项卡，为所选系列设置阴影效果，如图9-28所示。添加了阴影的系列变得更加立体，如图9-29所示。

Step 07 最后为上层饼图添加数据标签，在标签中显示类别名称和百分比值，并为图表设置饱和度较低的纯色背景，如图9-30所示。至此完成双层复合饼图的制作（数据标签的设置请参照9.1.1小节的Step01～Step02）。

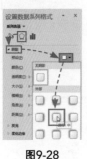

图9-28

图9-29

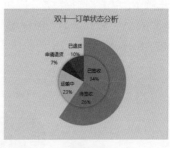

图9-30

9.1.4 制作双层补充说明圆环图

双层补充说明圆环图的制作重点是对数据源的处理，数据源中数据的位置不同，制作出的图表效果也不同，如图9-31、图9-32所示。下面以图9-31中的图表为例，介绍其制作方法。

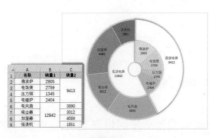

图9-31   图9-32

Step 01 选中数据源所在单元格区域，创建圆环图。删除图表中多余的元素，只保留数据系列，更改圆环图的颜色为金色渐变色，如图9-33所示。

Step 02 双击图表内圆环，打开"设置数据系列格式"窗格，在"系列选项"选项卡中设置圆环内径大小为"15%"，效果如图9-34所示。

图9-33

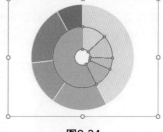

图9-34

Step 03 分别为图表的内、外圆环添加数据标签,然后通过在"设置数据标签格式"窗格中勾选"类别名称"复选框,向标签中添加类别名称,并设置标签内容自动换行显示,如图9-35所示。

Step 04 手动更改外圆环中的"微波炉"为"厨房电器",更改内圆环中的"电风扇"为"生活电器",如图9-36所示。

Step 05 依次选择内圆环中的"生活电器"系列点和外圆环中的"厨房电器"系列点,分别将这两个系列点的填充效果设置为"无填充",如图9-37所示。

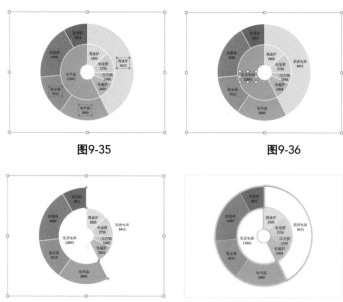

图9-35   图9-36

Step 06 将内圆环的边框效果设置为"无线条",将外圆环的边框粗细设置为"1磅",分别为这两个圆环添加阴影效果,如图9-38所示。至此完成双层补充说明圆环图的制作。

图9-37   图9-38

9.2 样式繁多的柱形图

柱形图中的图表元素比饼图多,编辑柱形图可以实现的图表效果也更丰富,下面将介绍几种创意柱形图的制作方法。

9.2.1 制作三等分背景板

正常情况下图表系列底部的绘图区只能设置同一种填充色,如果要设置多种颜色等分的背景色,可以通过添加辅助系列来完成。下面介绍具体操作步骤。

Step 01 根据数据源创建簇状柱形图,如图9-39所示。在工作表中插入一个等腰三角形,设置好填充色并去除图形边框,随后复制该等腰三角形,如图9-40所示。

Step 02 选中图表,双击任意柱形,打开"设置数据系列格式"窗格,设置填充效果为"图片或纹理填充",然后单击"剪贴板"按钮,将图表的柱形系列更改为绘制的三角形。随后在该窗格中的"系列选项"选项卡中缩小"间隙宽度"值,增加图表系列的宽度。接下来切换到"效果"选项卡,为图表系列添加阴影。操作完成后图表效果如图9-41所示。

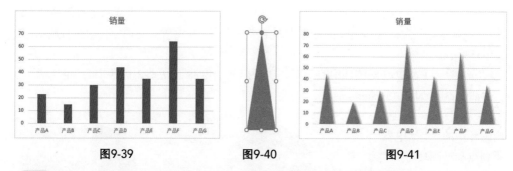

图9-39　　　　　　　　图9-40　　　　　　　　图9-41

Step 03　选中图表，单击"图表工具—设计"选项卡中的"选择数据"按钮，打开"选择数据源"对话框，添加一个名称为"辅助系列"的系列，系列值设置为"={1,1,1}"，如图9-42所示。

Step 04　此时图表中出现了三个很短的柱形，选中新增加的柱形系列，在"图表工具—设计"选项卡中单击"更改图表类型"按钮，打开"更改图表类型"对话框，设置"辅助系列"在次坐标轴显示，并修改图表类型为"簇状条形图"，如图9-43所示。

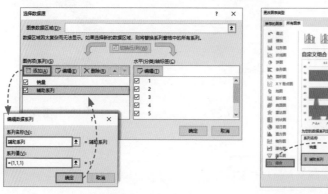
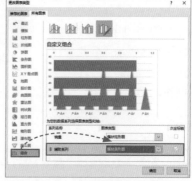

图9-42　　　　　　　　　　　　　　　图9-43

Step 05　完成更改后的图表效果如图9-44所示。双击顶部的次要坐标轴，打开"设置坐标轴格式"窗格，在"坐标轴系列"选项卡中设置"最大值"为"1"，通过修改坐标轴的最大值，让条形系列的长度延长到绘图区最右侧。然后在窗格中切换到"系列选项"选项卡，设置"间隙宽度"为"0%"，设置完成后图表效果如图9-45所示。

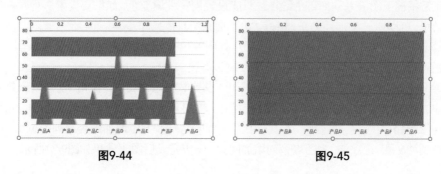

图9-44　　　　　　　　　　　　图9-45

Step 06 依次选中三个条形系列，分别设置它们的填充色，将透明度设置为"70%"，边框设置为"1.5磅"的白色实线，效果如图9-46所示。

Step 07 删除图表中的主要坐标轴、次要坐标轴和网格线，添加数据标签和图表标题，设置好标题内容和位置，如图9-47所示。至此完成三等分背景板的制作。

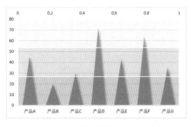

图9-46

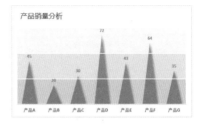

图9-47

9.2.2 制作色阶对比效果图表

色阶效果的图表可以使用堆积柱形图或百分比堆积柱形图制作，制作方法很简单，下面将介绍具体步骤。

Step 01 根据数据源创建百分比堆积柱形图，如图9-48所示。根据需要修改每个系列点的填充色，如图9-49所示。

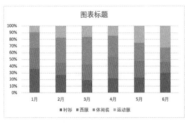

图9-48

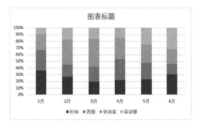

图9-49

Step 02 双击任意图表系列，打开"设置数据系列格式"窗格，在"系列选项"选项卡中将"间隙宽度"设置为"0%"，图表系列即可呈现出色阶效果，如图9-50所示。

Step 03 最后将图例移动到图表右侧，输入图表标题，如图9-51所示。至此完成色阶对比效果图表的制作。

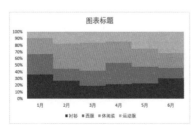

图9-50

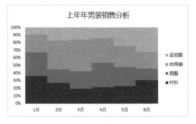

图9-51

📖 **知识点拨**

　　用户也可使用堆积柱形图制作色阶效果，如图9-52、图9-53所示。百分比堆积柱形图适用于展示一段时间内多项数据的占比情况，每个堆积元素的累积比例始终为100%；而堆积柱形图适用于对比各项数值的大小以及多项数据累积后的整体大小。

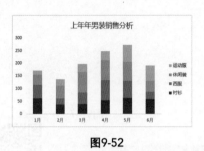

图9-52

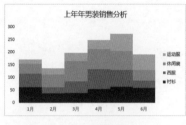

图9-53

9.2.3　制作数据对比旋风图

　　旋风图可以从两个方向对数据进行直观对比，旋风图利用条形图为基础图表进行制作，下面介绍制作方法。

Step 01　根据数据源创建簇状柱形图，如图9-54所示。

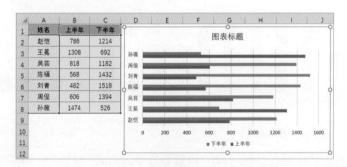

图9-54

Step 02　双击任意"上半年"数据系列，打开"设置数据系列格式"窗格，设置系列在"次坐标轴"显示，如图9-55所示。此时的图表效果如图9-56所示。

图9-55　　　　　　　　　　图9-56

Step 03 在不关闭窗格的前提下，在图表中选中次坐标轴，在"设置坐标轴格式"窗格中设置边界最小值为"-1600.0"，最大值为"1600.0"，最大单位为"400.0"，如图9-57所示。勾选"逆序刻度值"复选框，设置数字格式代码为"0;0;0"，将次坐标轴上的负值转换成正值，如图9-58所示。此时的图表效果如图9-59所示。

图9-57

图9-58

Step 04 选择位于图表下方的主坐标轴，参照上述步骤，设置边界最小值为"-1600.0"，最大值为"1600.0"，最大单位为"400.0"，设置数字格式代码为"0;0;0"，设置完成后图表效果如图9-60所示。

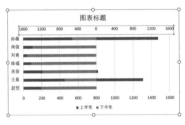

图9-59

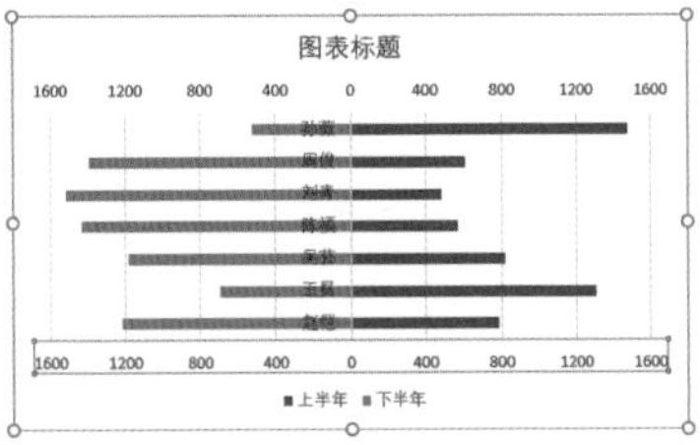

图9-60

Step 05 选中姓名标签，在"设置坐标轴格式"窗格中设置标签位置为"低"，如图9-61所示。将姓名标签移动到图表左侧显示，如图9-62所示。

Step 06 分别调整两侧系列的"间隙宽度"，将间隙宽度值缩小，从而加宽数据系列，如图9-63所示。

图9-61

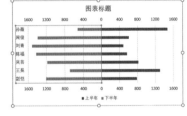

图9-62

Step 07 修改图表系列的颜色，为图表套用一个样式，然后对细节进行修饰，添加数据标签、输入标题名称等，让图表更美观，如图9-64所示。至此完成数据对比旋风图的制作。

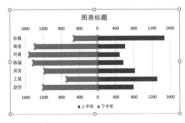

图9-63

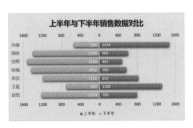

图9-64

9.2.4 制作具有重要参考线的柱形图

柱形图和条形图默认可以添加趋势线、误差线、涨/跌柱线等，但却不能自动添加平均值和指定的百分比参考线。下面将介绍如何在图表中添加这两种参考线。

（1）添加平均值参考线

为图表添加平均值参考线，有利于查看哪些系列点超过了平均值，哪些系列点低于平均值，直观反映哪些产品在为利润提升做贡献，哪些产品降低了整体利润。

Step 01 在数据表中创建平均值辅助列，平均值的具体数值可以使用公式“=AVERAGE($B$2:$B$7)”进行计算，如图9-65所示。

Step 02 根据数据源创建簇状柱形图，图表系列的颜色可以根据需要进行修改，如图9-66所示。

C2 =AVERAGE($B$2:$B$7)

	A	B	C	D	E
1	店铺	利润	平均值		
2	产品A	95	78.5		
3	产品B	56	78.5		
4	产品C	73	78.5		
5	产品D	111	78.5		
6	产品E	70	78.5		
7	产品F	66	78.5		
8					

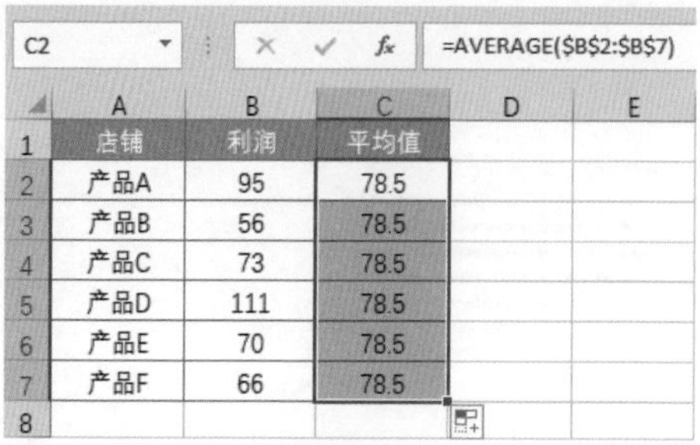

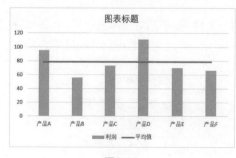

图9-65

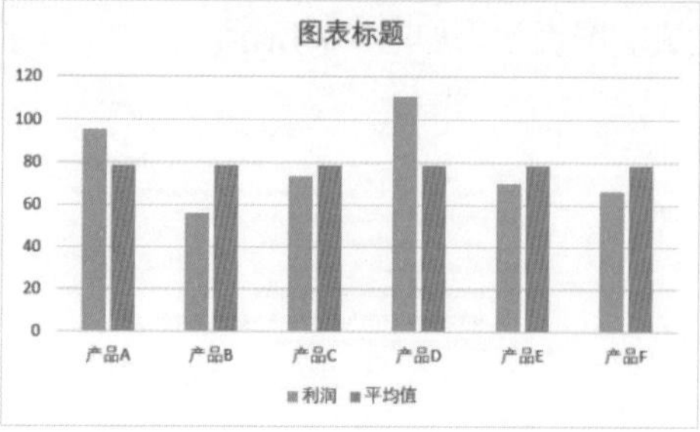

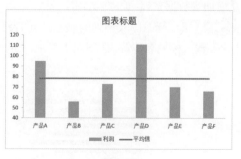

图9-66

Step 03 在图表中选中“平均值”柱形系列，打开“图表工具—设计”选项卡，单击“更改图表类型”按钮，打开“更改图表类型”对话框，修改“平均值”的图表类型为“折线图”。完成更改后的图表效果如图9-67所示。

Step 04 双击垂直坐标轴，打开“设置坐标轴格式”窗格，打开“坐标轴选项”选项卡，在“坐标轴选项”组中修改 “最小值”为“40”；随后在“刻度线”组中设置“主刻度线”类型为“外部”；接着切换到“填充与线条”选项卡，设置刻度线的线条颜色为浅灰色实线。设置完成后效果如图9-68所示。

图9-67

图9-68

Step 05 在不关闭窗格的前提下，选中"利润"系列，在"设置数据系列格式"窗格中的"系列选项"选项卡中缩小"间隙宽度"值，将系列加宽，如图9-69所示。

Step 06 选中"利润"系列，单击"图表元素"按钮，在展开的列表中选择"数据标签—数据标签内"选项，为所选系列添加标签，接着将标签设置为白色，最后输入图表标题，如图9-70所示。至此完成带平均值参考线的图表制作。

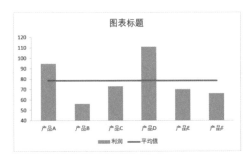

图9-69

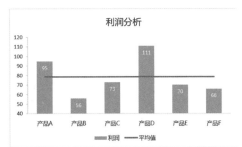

图9-70

（2）添加百分比参考线

下面将根据员工业绩达标率数据源创建带有50%、70%和90%参考线的柱形图。

Step 01 根据数据源创建簇状柱形图，输入图表标题，修改系列颜色，并适当调整系列的间隙宽度，如图9-71所示。

Step 02 删除图表的网格线和垂直坐标轴，如图9-72所示。

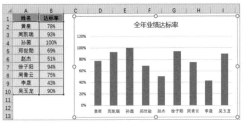

图9-71

Step 03 选中图表，打开"图表工具—设计"选项卡，单击"选择数据"按钮，打开"选择数据源"对话框，依次添加系列名称为"50%"，系列值为"={0.5,0.5,0.5,0.5,0.5,0.5,0.5,0.5,0.5}"；系列名称为"70%"，系列值为"={0.7,0.7,0.7,0.7,0.7,0.7,0.7,0.7,0.7}"；系列名称为"90%"，系列值为"={0.9,0.9,0.9,0.9,0.9,0.9,0.9,0.9,0.9}"的3个系列。添加系列后图表效果如图9-73所示。

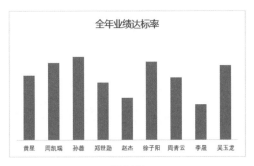

图9-72

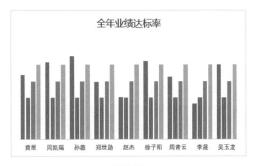

图9-73

Step 04 选中图表,打开"图表工具—设计"选项卡,单击"更改图表类型"按钮,打开"更改图表类型"对话框,将"50%""70%"和"90%"系列的图表类型修改为"折线图"。此时的图表效果如图9-74所示。

Step 05 修改图表中三条百分比线条的颜色和样式。为"达标率"系列点添加数据标签,并设置成白色。在图表右侧添加图例,为图表设置浅灰色的填充色,如图9-75所示。至此完成带百分比参考线的图表制作。

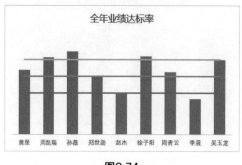

图9-74

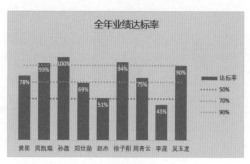

图9-75

9.3 其他典型图表的制作

利用其他类型的普通图表还可以制作出各种各样的高级图表效果,下面继续介绍折线图、雷达图、条形图等图表的制作。

9.3.1 制作带中心发射线的渐变雷达图

雷达图的中心发射线其实是值轴线,然而默认创建的雷达图无法显示值轴线,若要让值轴线显示,需要先创建其他能显示值轴线的图表,例如柱形图或折线图等,然后更改图表的类型,效果如图9-76所示。下面将介绍制作方法。

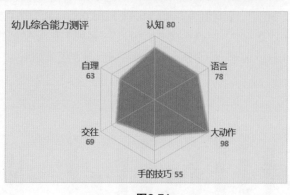

图9-76

Step 01 根据数据源创建折线图,如图9-77所示。随后双击垂直坐标轴,打开"设置坐标轴格式"窗格。

Step 02 在窗格中的"坐标轴选项"选项卡中选择一种"主刻度线类型",可随意选择,此处选择"外部",如图9-78所示。

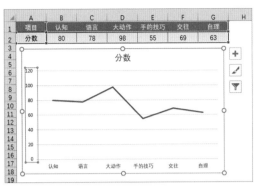

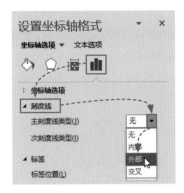

图9-77 图9-78

Step 03 在"图表工具—设计"选项卡中单击"更改图表类型"按钮,打开"更改图表类型"对话框,更改图表类型为"填充雷达图",效果如图9-79所示。

Step 04 双击雷达图中的坐标轴,打开"设置坐标轴格式"窗格,设置"标签位置"为"无",隐藏坐标轴中的值,如图9-80所示。

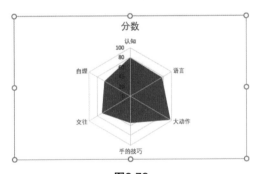

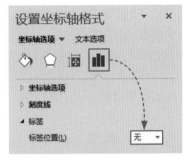

图9-79 图9-80

Step 05 选中图表数据系列,打开"设置数据系列格式"窗格,在"填充与线条"选项卡中设置"标记"的填充色为"渐变填充",如图9-81所示。设置渐变的方向为"线性向下",保留两个渐变光圈,参照图9-82设置好渐变光圈的位置、颜色以及透明度。设置完成后效果如图9-83所示。

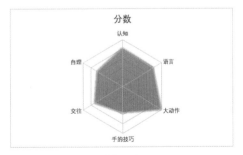

图9-81 图9-82 图9-83

Step 06 为系列添加数据标签, 如图9-84所示。调整好数据标签的位置以及字体格式, 输入图表标题, 将标题拖动到左上角显示, 为图表设置浅灰色填充效果, 如图9-85所示。至此完成带中心发射线的渐变雷达图制作。

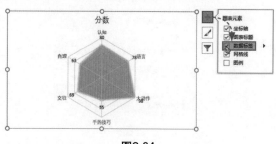

图9-84

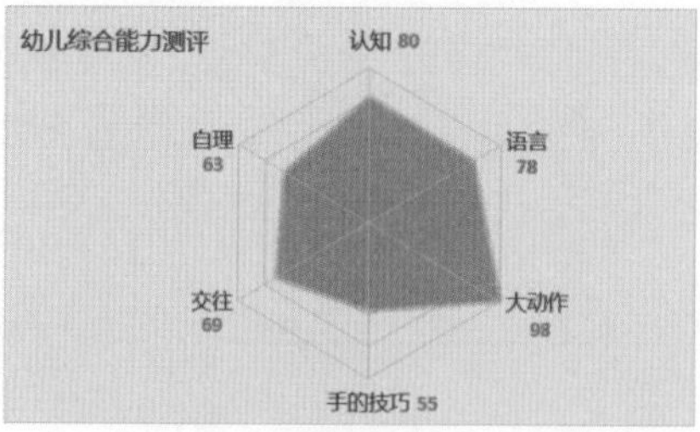

图9-85

9.3.2 制作始终显示最新信息的动态图表

下面将使用条形图制作始终显示最新的10条数据的动态图表, 具体步骤如下。

Step 01 根据数据源创建簇状条形图, 如图9-86所示。随后双击垂直坐标轴, 打开"设置坐标轴格式"窗格, 在"坐标轴选项"选项卡中勾选"逆序日期"复选框, 将坐标轴翻转。删除水平坐标轴和网格线, 添加数据标签, 效果如图9-87所示。

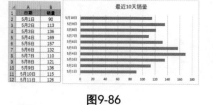

图9-86

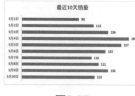

图9-87

Step 02 打开"公式"选项卡, 在"定义的名称"组中单击"定义名称"按钮, 弹出"新建名称"对话框, 设置名称为"日期", 在"引用位置"文本框中输入公式"=OFFSET(Sheet1!$A$1,COUNTA(Sheet1!$A:$A)-10,0,10)", 单击"确定"按钮, 如图9-88所示。

Step 03 再次打开"新建名称"对话框。设置名称为"销量", 在引用位置文本框中输入公式"=OFFSET(Sheet1!$B$1,COUNTA(Sheet1!$B:$B)-10,0,10)", 单击"确定"按钮, 如图9-89所示。

图9-88

图9-89

Step 04 在图表中选中条形系列，在编辑栏中可以看到一个公式，将公式中的"$A$2:$A11"修改成"日期"，将"$B$2:$B11"修改成"销量"，修改好后按Enter键确认，如图9-90所示。

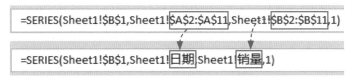

图9-90

Step 05 继续向数据源中添加信息的数据，图表随之发生变化，始终显示最近输入的10个信息，如图9-91所示。

图9-91

9.3.3 制作能突出最大值和最小值的折线图

正常情况下折线图中某个指定的系列点没有办法自动突出显示，需要找到对应的数据点进行单独设置。本例将利用辅助系列自动突出折线图中的最大值和最小值，如图9-92所示。下面将介绍具体制作步骤。

Step 01 在数据源中的"营业额"数据右侧创建"最大值"和"最小值"两个辅助列。其中最大值的计算公式为"=IF(B2=MAX($B$2:$B$13),B2,NA())"，最小值的计算公式为"=IF(B2=MIN($B$2:$B$13),B2,NA())"。随后使用A1:B13单元格区域创建"带数据标记的折线图"，如图9-93所示。

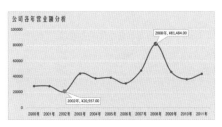

图9-92

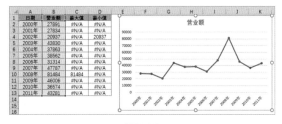

图9-93

Step 02 选中图表，打开"图表工具—设计"选项卡，单击"选择数据"按钮，打开"选择数据源"对话框，向"图例项（系列）"列表框中添加"最高营业额"和"最低营业额"两个系列，如图9-94所示。此时图表系列点中的最大值和最小值系列点变成了不同的颜色，如图9-95所示。

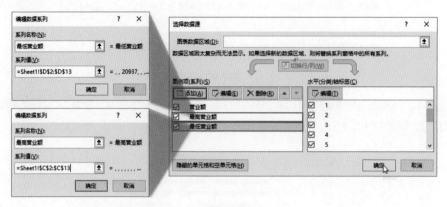

图9-94

Step 03 在图表中双击折线系列，打开"设置数据系列格式"窗格，切换到"填充与线条"选项卡，在线条组中勾选"平滑线"复选框，将折线变成平滑的曲线，如图9-96所示。

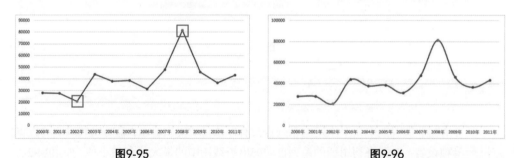

图9-95　　　　　　　　　　　　　　　　图9-96

Step 04 分别选中最高营业额系列点和最低营业额系列点，在"设置数据系列格式"窗格中的"填充与线条"选项卡中设置标记的大小为"9"，将最高点的颜色设置为红色，最低点的颜色设置为绿色，取消边框线。设置完成的效果如图9-97所示。

Step 05 分别为最高点和最低点添加数据标注，如图9-98所示。

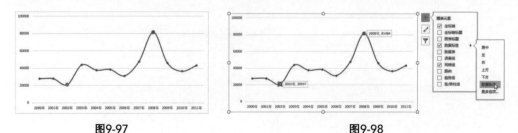

图9-97　　　　　　　　　　　　　　　　图9-98

Step 06 将数据标注拖动到合适的位置，添加图表标题，输入标题内容，如图9-99所示。

Step 07 为图表设置浅灰色背景，对其他元素进行适当修饰，如图9-100所示。至此完成突出最大值和最小值的折线图的制作。

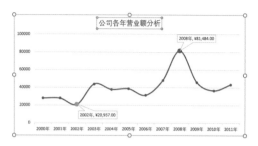

图9-99

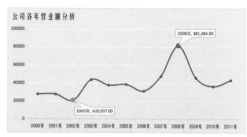

图9-100

拓展练习：制作公司发展时间轴图表

▶扫一扫 看视频◀

利用时间轴图表可以很轻松地展示沿时间线发展的重要事件，下面将介绍如何利用散点图制作时间轴图表，如图9-101所示。

Step 01 选择数据源中的"时间"和"时间点位置"两列中的数据创建散点图，如图9-102所示。

图9-101

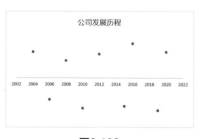

图9-102

Step 02 依次选中图表中的水平网格线、垂直网格线以及垂直坐标轴，按Delete键删除，如图9-103所示。

Step 03 双击水平坐标轴，打开"设置坐标轴格式"窗格，打开"坐标轴选项"选项卡，设置"主要刻度线类型"为"交叉"，如图9-104所示。

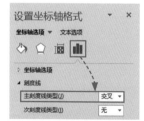

图9-104

图9-103

Step 04　切换到"填充与线条"选项卡, 设置线条颜色为金色, 宽度为"1.5磅", 选择一个合适的结尾箭头类型, 将结尾箭头粗细设置成最粗, 如图9-105所示。

Step 05　在当前窗格中继续切换到"效果"选项卡, 选择一个预设的发光效果, 然后对发光的大小进行适当调整, 如图9-106所示。设置完成后坐标轴样式如图9-107所示。

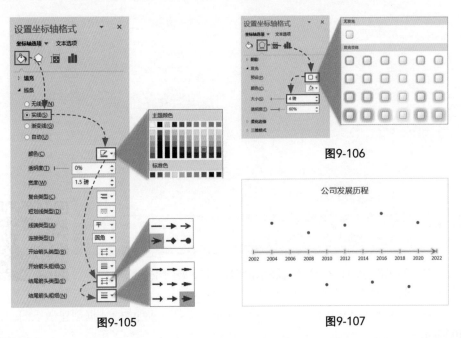

图9-105　　　　　图9-106

图9-107

Step 06　为图表添加"误差线", 如图9-108所示。选中水平误差线, 按Delete键删除, 随后选中垂直误差线, 如图9-109所示。在窗格未关闭的前提下, 会自动切换到"设置误差线格式"窗格。

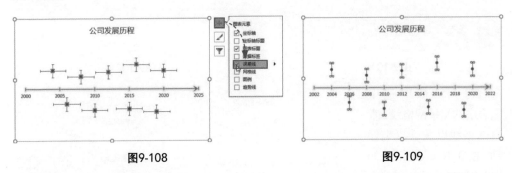

图9-108　　　　　图9-109

Step 07　打开"误差线选项"选项卡, 设置方向为"负偏差", 误差量设置"百分比"为"100%", 如图9-110所示。垂直误差线随即由系列点延伸至水平坐标轴, 如图9-111所示。

Step 08　在"设置误差线格式"窗格中的"填充与线条"选项中设置线条颜色为"金色, 个性色4", 宽度为"0.75磅", 短划线类型为"方点", 设置完成后的效果如图9-112所示。

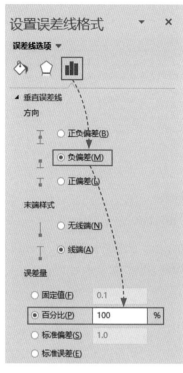

图9-110

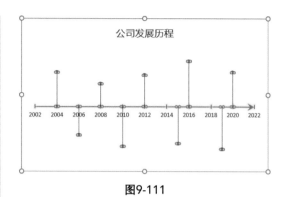

图9-111

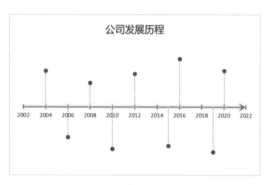

图9-112

Step 09 在图表中选中系列点，在"设置数据系列格式"窗格中打开"填充与线条"选项卡，设置"标记"样式为"内置"，类型选择菱形，如图9-113所示。设置标记的填充色为纯色填充，并设置颜色为"金色，个性色4，深色25%"，设置边框为"无线条"，如图9-114所示。然后切换到"效果"选项卡，设置"发光：8磅；金色，主题4"的预设发光效果。系列点设置完成后的效果如图9-115所示。

图9-113

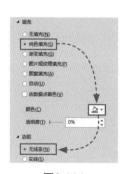

图9-114

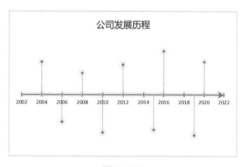

图9-115

Step 10 为图表添加数据标签，在"设置数据标签格式"窗格中打开"标签选项"选项卡，取消"Y值"和"显示引导线"复选框的勾选，勾选"单元格中的值"复选框，单击其右侧"选择范围"复选框，如图9-116所示。

Step 11   随后弹出 "数据标签区域" 对话框, 引用工作表中的发展历程单元格区域, 如图9-117所示。

▲	A	B	C
1	时间	发展历程	时间点位置
2	2004	公司成立	60
3	2006	通过QS	
4	2008	新厂投产	
5	2010	通过ISO9001与HACC	
6	2012	陕西著名商标	
7	2015	陕西省林果产业重点产	
8	2016	陕西省名牌产品及陕西省优质产品	80
9	2019	省级农业产业化重点龙头企业	-75
10	2020	年度陕西省扶贫龙头企业	60

数据标签区域   ?   ×

选择数据标签区域

=Sheet1!$B$2:$B$10

确定   取消

图9-116   图9-117

Step 12   数据标签中随即显示所引用的单元格中的内容, 调整好标签的大小和位置, 将图表标题拖动到左上角显示, 适当调整图表大小, 如图9-118所示。

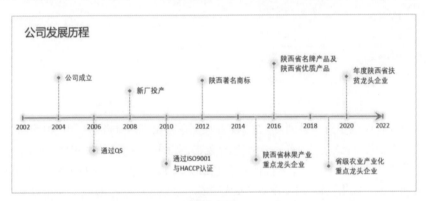

图9-118

Step 13   最后为图表填充图片背景, 将图表标题、数据标签以及坐标轴中的文本内容设置成白色, 如图9-119所示。至此完成公司发展时间轴图表的制作。

图9-119

知识总结：用思维导图学习数据分析

　　在此对常见创意图表的制作思路进行了总结，并以图示的方式呈现，读者可以先分析、再对照、最后实践。

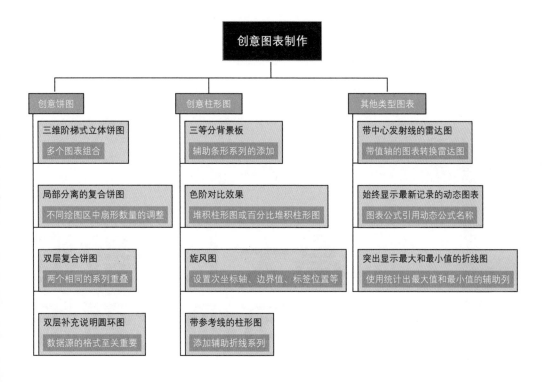

第10章

高大上的数据可视化看板

可视化看板从数据源的不同角度创建多个图表，让数据得到全方位展示。本章将综合前面所学的图表知识制作数据可视化看板。

10.1 销售数据的录入和整理

数据源是数据分析的根本，在创建数据分析可视化看板之前需要对数据源进行整理和完善。

10.1.1 用公式统计销售数据

首先在工作表中录入已知数据，创建数据源，并对表格外观进行适当修饰，例如设置字体字号、调整行高列宽、设置边框线等，如图10-1所示。接下来用公式完成各项数据计算。

Step 01 首先计算当月的"完成率"。在E4单元格中输入公式"=D4/C4"，按Enter键返回计算结果，随后再次选中E4单元格，双击填充柄将公式向下方填充，如图10-2所示。此时得到的为常规数值，还需要将这些数值转换成百分比数字。

成都各分店销售数据分析

店铺	月销			季度对比			销售排名	
	目标	实际	完成率	上季度	本季度	环比	月销	完成率
锦江店	80000	75000		258000	311000			
新都店	100000	80000		300000	290000			
武侯店	70000	50000		120000	140000			
成华店	150000	170000		590000	620000			
双流店	100000	130000		420000	370000			

成都各分店销售数据分析

店铺	月销			季度对比			销售排名	
	目标	实际	完成率	上季度	本季度	环比	月销	完成率
锦江店	80000	75000	93.8%	258000	311000	20.5%	4	3
新都店	100000	80000	80.0%	300000	290000	-3.3%	3	4
武侯店	70000	50000	71.4%	120000	140000	16.7%	5	5
成华店	150000	170000	113.3%	590000	620000	5.1%	1	2
双流店	100000	130000	130.0%	420000	370000	-11.9%	2	1

图10-1

Step 02 保持E4:E8单元格区域为选中状态，按Ctrl+1组合键，打开"设置单元格格式"对话框，在"数字"选项卡中的"分类"组内选择"百分比"选项，设置小数位数为"1"，然后单击"确定"按钮，关闭对话框，如图10-3所示。

图10-2

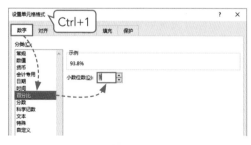

图10-3

Step 03 所选区域中的数字随即被更改为带1位小数的百分比格式，如图10-4所示。

Step 04 接下来计算上季度和本季度的环比。在H4单元格中输入公式"=(G4-F4)/F4"，并将公式向下方填充，随后将数字格式修改成"百分比"并保留1位小数，如图10-5所示。

图10-4　　　　　　　　　　　　　　　图10-5

Step 05　最后使用RANK函数为实际"月销"和"完成率"进行排名。先在I4单元格中输入公式"=RANK(D4,\$D\$4:\$D\$8)"，随后将公式向下方填充，返回实际月销额的排名，如图10-6所示。

Step 06　在J4单元格中输入公式"=RANK(E4,\$E\$4:\$E\$8)"，将公式向下方填充，计算出完成率的排名，如图10-7所示。

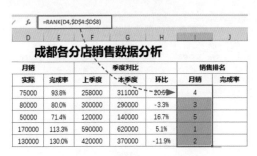

图10-6　　　　　　　　　　　　　　　图10-7

10.1.2　用图标展示完成率和环比

图标可直观展示数据的范围、趋势等。下面将使用旗帜标记展示当月业绩的完成率以及两个季度的环比。

Step 01　选中E4:E8单元格区域，打开"开始"选项卡，在"样式"组中单击"条件格式"下拉按钮，在展开的列表中选择"图标集"选项，在其下级列表中选择"其他规则"选项，如图10-8所示。

Step 02　弹出"新建格式规则"对话框，选择图标样式为三色旗，如图10-9所示。

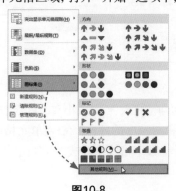

图10-8

图10-9

Step 03 将类型设置为"数字",修改最顶部的图标为"无单元格图标",参照图10-10修改其他图标的颜色及对应值,设置完成后单击"确定"按钮。

Step 04 在工作表中选择H4: H8单元格区域,再次通过"图标集"下级列表中的"其他规则"选项打开"新建格式规则"对话框,选择图标样式为三色旗,参照图10-11设置图标的样式、类型及值,最后单击"确定"按钮。

图10-10

图10-11

Step 05 返回工作表,可以查看到月销的完成率以及季度环比区域中已经自动添加了两种颜色的旗帜图标,如图10-12所示。

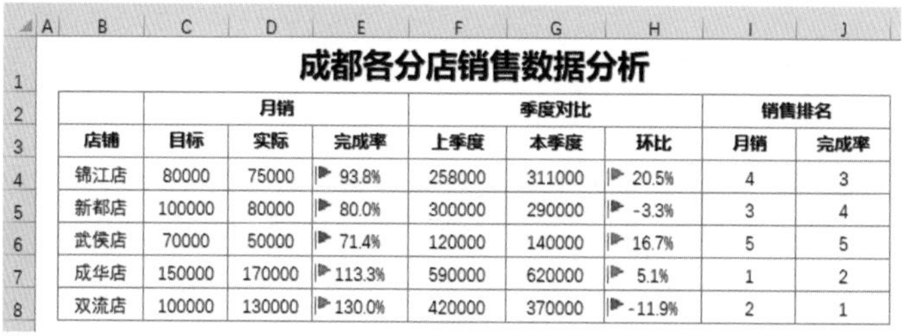

店铺	月销			季度对比			销售排名	
	目标	实际	完成率	上季度	本季度	环比	月销	完成率
锦江店	80000	75000	93.8%	258000	311000	20.5%	4	3
新都店	100000	80000	80.0%	300000	290000	-3.3%	3	4
武侯店	70000	50000	71.4%	120000	140000	16.7%	5	5
成华店	150000	170000	113.3%	590000	620000	5.1%	1	2
双流店	100000	130000	130.0%	420000	370000	-11.9%	2	1

成都各分店销售数据分析

图10-12

10.2 制作实际完成率分析图

下面将利用簇状柱形图作为基础图表,制作实际完成率分析图。该图表可直观展示目标销量和实际完成率。

10.2.1 创建基础图表

制作一份柱状水位图,展示目标销量和实际完成率。下面将介绍如何创建基础图表。

Step 01 根据数据源创建簇状柱形图，如图10-13所示。修改图表标题为"实际完成率分析"，依次选中网格线和垂直坐标轴，按Delete键进行删除，效果如图10-14所示。

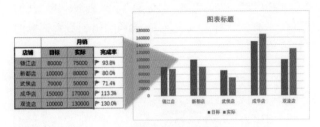

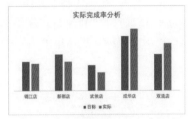

图10-13　　　　　　　　　　　　　　　　图10-14

Step 02 右击任意柱形系列，选择"设置数据系列格式"选项，打开"设置数据系列格式"窗格，切换到"系列选项"选项卡，设置系列重叠值为"100%"，如图10-15所示。图表中的两个系列随即重叠，如图10-16所示。

图10-15

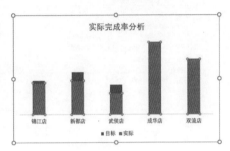

图10-16

10.2.2　设置柱形填充效果

要想制作出水位效果，设置系列的填充效果非常关键。下面介绍具体操作步骤。

Step 01 选中"实际"系列，打开"设置数据系列格式"窗格，切换到"填充与线条"选项卡，选择"纯色填充"，在"颜色"对话框中选择浅蓝色，如图10-17所示。设置完成后效果如图10-18所示。

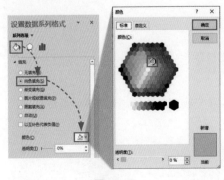

图10-17

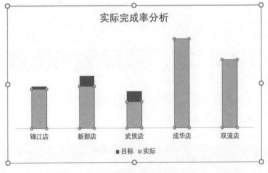

图10-18

Step 02 在图表中选择"目标"系列,在"设置数据系列格式"窗格中选择"纯色"填充,颜色为"白色",透明度为"70%",如图10-19所示。

Step 03 设置边框为"实线",颜色为"浅蓝"(与"实际"系列的填充色相同),如图10-20所示。

Step 04 此时"实际"金额大于"目标"金额的系列,只能看到数值较大的"实际"系列点,如图10-21所示。为了让后面较小的系列点显示出来,可以调整系列的位置。

图10-19   图10-20

Step 05 打开"图表工具—设计"选项卡,单击"选择数据"按钮,打开"选择数据源"对话框。在"图例项(系列)"列表框中选择"实际"系列,单击"上移"按钮,将其移动到"目标"系列上方显示,如图10-22所示。

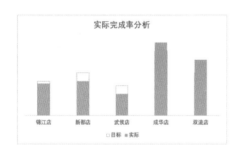

图10-21

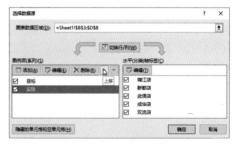

图10-22

Step 06 单击图表区,打开"设置图表区格式"窗格,设置边框为"实线",颜色为"浅蓝",如图10-23所示。设置完成后的效果如图10-24所示。

图10-23

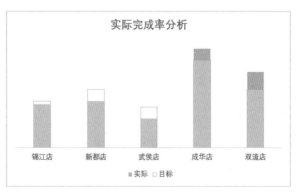

图10-24

10.2.3 设置数据标签

最后还需要为图表系列添加数据标签。下面介绍具体操作步骤。

Step 01 选中“目标”系列，添加数据标签，选择标签位置为“数据标签外”，打开“设置数据标签格式”窗格，切换到“标签选项”选项卡，勾选“系列名称”复选框，如图10-25所示。适当调整“成华店”和“双流店”的数据标签位置，效果如图10-26所示。

Step 02 选择“实际”系列，为其添加数据标签，标签位置为“数据标签内”。随后在“设置数据标签格式”窗格中取消“值”复选框的勾选，勾选“单元格中的值”复选框，单击“选择范围”按钮，弹出“数据标签区域”对话框，从工作表中引用月销“完成率”区域的百分比值，如图10-27所示。

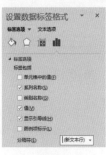

Step 03 适当调整数据标签的位置，设置字体颜色为深蓝色，最后将图例拖动到图表右上角，效果如图10-28所示。

图10-25

图10-26

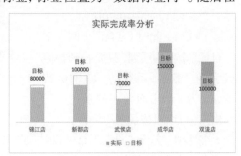

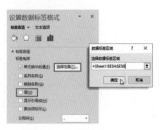

图10-27

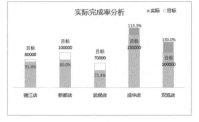

图10-28

10.3 制作各店铺完成率分析图

10.3.1 制作完成率低于 100% 的圆环图

根据本案例的数据源，若要制作完成率分析图表，还需要添加一列辅助数据。在K列中用公式“=1-IF(E4>=1,1,E4)”得到一组辅助数据，如图10-29所示。随后便可利用店铺名称、对应的完成率以及对应的辅助数据创建圆环图。

K4 =1-IF(E4>=1,1,E4)

成都各分店销售数据分析

店铺	月销			季度对比			销售排名		
	目标	实际	完成率	上季度	本季度	环比	月销	完成率	辅助
锦江店	80000	75000	93.8%	258000	311000	20.5%	4	3	6.3%
新都店	100000	80000	80.0%	300000	290000	-3.3%	3	4	20.0%
武侯店	70000	50000	71.4%	120000	140000	16.7%	5	5	28.6%
成华店	150000	170000	113.3%	590000	620000	5.1%	1	2	0.0%
双流店	100000	130000	130.0%	420000	370000	-11.9%	2	1	0.0%

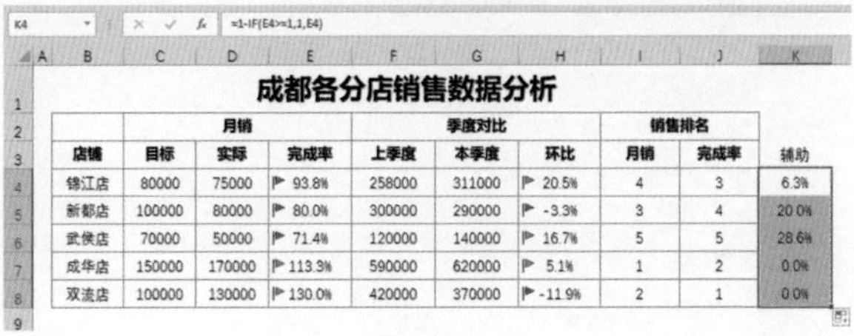

图10-29

Step 01 在工作表中按住Ctrl键，依次选中B4、E4、K4单元格，创建"锦江店"的目标完成率圆环图，如图10-30所示。

Step 02 删除图例，随后通过两次单击，选中圆环图中较大的系列，打开"设置数据点格式"窗格，设置其填充色为"浅蓝"，边框为"无线条"，效果如图10-31所示。

Step 03 选中圆环中较小的系列，设置其填充色为"白色，背景1，深色25%"，边框为"无线条"，效果如图10-32所示。

图10-30   图10-31   图10-32

Step 04 选中圆环中较大的系列，添加数据标签，然后双击数据标签打开"设置数据标签格式"窗格，在"标签选项"选项卡中取消"显示引导线"复选框的勾选，将标签拖动至圆环内部，适当调整标签的字体大小，最后将图表标题也拖动至圆环内部，如图10-33所示。

Step 05 参照"锦江店"圆环图的制作方法，制作新都店和武侯店目标完成率圆环图，如图10-34所示。

图10-33   图10-34

10.3.2 制作完成率高于 100% 的圆环图

当完成率大于或等于100%时则不需要使用辅助数据，只要选中店铺名称和对应的完成率创建圆环图即可。

Step 01 选中B7和E7单元格，创建圆环图，如图10-35所示。双击圆环系列，打开"设置数据系列格式"窗格，在"填充与线条"选项卡中设置其填充色为"橙色，个性色2"，边框为"无线条"，如图10-36所示。

Step 02 参照10.3.1小节将图表的数据标签和图表标题移动到圆环内部，然后使用同样的方法设置"双流店"圆环图，如图10-37所示。

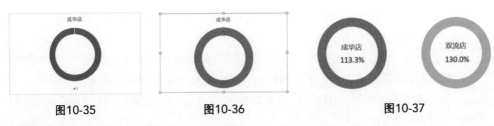

图10-35　　　　　　　图10-36　　　　　　　图10-37

Step 03 　选中所有圆环图，右击任意选中的图表，在弹出的菜单中选择"组合—组合"
选项，如图10-38所示。组合后的图表效果如图10-39所示。

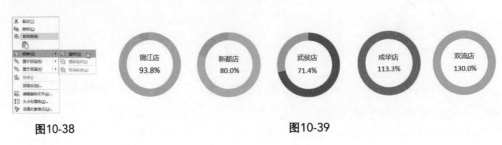

图10-38　　　　　　　　　　　　　　　图10-39

10.4　制作两个季度的销售对比图

本例图表的制作重点在于数据标签的设置，通过自定义标签的格式，对两个季度的销
售数据以及环比值进行直观展示。

10.4.1　创建组合图表

下面将利用数据源中的上季度、本季度以及两个季度的环比创建组合图表，对比销售
情况。

Step 01 　根据数据源创建簇状柱形图。此时由于环比值太小，在图表中只能显示出一
条直线，如图10-40所示。

季度对比		
上季度	**本季度**	**环比**
258000	311000	▶ 20.5%
300000	290000	▶ -3.3%
120000	140000	▶ 16.7%
590000	620000	▶ 5.1%
420000	370000	▶ -11.9%

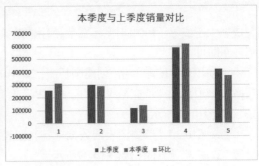

图10-40

Step 02 接下来需要更改图表的类型,将环比系列更改成折线图并在次坐标轴上显示。选中图表,在"图表工具—设计"选项卡中单击"更改图表类型"按钮,打开"更改图表类型"对话框,在"组合"界面中设置"环比"的图表类型为"折线图",勾选其右侧的"次坐标轴"复选框,如图10-41所示。更改完成的效果如图10-42所示。

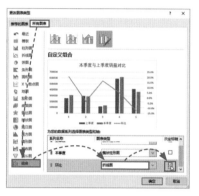

图10-41

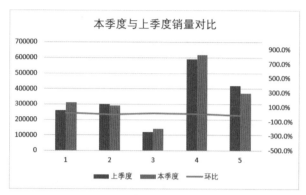

图10-42

Step 03 双击图表次坐标轴,打开"设置坐标轴格式"窗格,切换到"坐标轴选项"选项卡,设置边界"最小值"为"-5.0","最大值"为"2.0",如图10-43所示。在当前选项卡中打开"标签"组,设置"标签位置"为"无",隐藏次坐标轴,如图10-44所示。随后在图表中选中主要坐标轴,同样将标签位置设置为"无",设置完成后图表效果如图10-45所示。

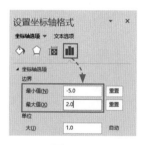

图10-43

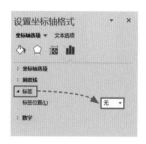

图10-44

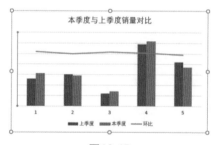

图10-45

10.4.2 设置标签格式

自定义标签格式可以让标签中的值以指定的样式显示,从而让数值显示变得更直观。

Step 01 选中图表中的折线系列,为该系列添加数据标签,如图10-46所示。

Step 02 在未关闭窗格的前提下,选中折线系列的数据标签。窗格变为"设置数据标签格式"。在"标签选项"选项卡中的"数字"组内输入格式代码"[红色]"▲"0%;[蓝色]"▼"-0%"",单击"添加"按钮,如图10-47所示。将折线系列的标签设置成带颜色的三角形图标样式。

223

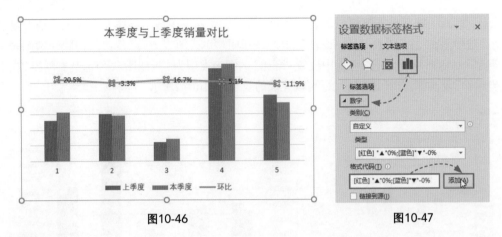

图10-46 图10-47

Step 03 分别在图表中为"上季度"和"本季度"系列添加数据标签，然后在"设置数据标签格式"窗格中设置格式代码为"0!.0,"万"，将这两个系列的标签设置成以"万"为单位的格式，如图10-48所示。数据标签的设置效果如图10-49所示。

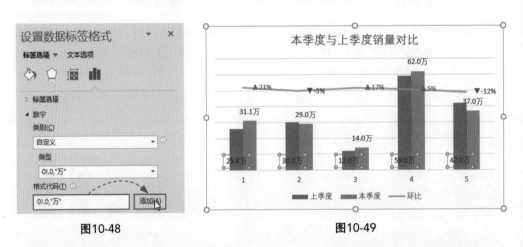

图10-48 图10-49

10.4.3 设置其他图表元素

图表的大致形态制作完成后，还可以更改系列的颜色、设置水平坐标轴的标签以及其他图表元素的格式及位置，让图表更美观、更便于阅读。

Step 01 接下来将图表中水平坐标轴的1、2、3……更改为对应的店铺名称。选中图表，打开"图表工具—设计"选项卡，单击"选择数据"按钮。弹出"选择数据源"对话框，在"图例项"列表框中选择"上季度"选项，随后在"水平轴标签"列表框中单击"编辑"按钮，在弹出的"轴标签"对话框中引用数据源中的B4:B8单元格区域（店铺名称所在区域），最后单击"确定"按钮，如图10-50所示。更改水平坐标轴标签的效果如图10-51所示。

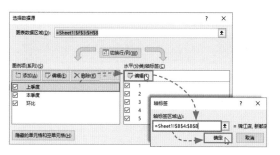

图10-50

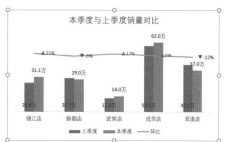

图10-51

Step 02 依次选择"本季度"和"上季度"系列,打开"设置数据系列格式"窗格,在"填充与线条"选项卡中分别设置其填充色,然后切换到"系列选项"选项卡,设置系列重叠为"30%",效果如图10-52所示。

Step 03 最后对图表进行一些细微的调整,将环比系列的数据标签拖动到合适的位置,将图例拖动到图表右上角,将图表标题拖动到左上角,效果如图10-53所示。

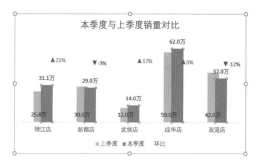

图10-52

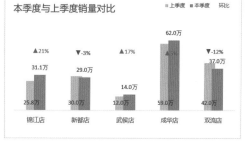

图10-53

10.5 美化销售数据分析可视化看板

销售数据分析可视化看板中的所有图表制作完成后,可以对整体进行组合及美化,下面介绍具体操作方法。

10.5.1 设置数据源表格式

首先对数据源所在区域进行美化。为表格设置蓝色边框线,标题所在单元格填充浅蓝色,字体设置成白色,将列宽整体加宽,具体宽度需要配合图表的宽度,效果如图10-54所示。

成都各分店销售数据分析

店铺	月销			季度对比			销售排名	
	目标	实际	完成率	上季度	本季度	环比	月销	完成率
锦江店	80000	75000	▶ 93.8%	258000	311000	▶ 20.5%	4	3
新都店	100000	80000	▶ 80.0%	300000	290000	▶ -3.3%	3	4
武侯店	70000	50000	▶ 71.4%	120000	140000	▶ 16.7%	5	5
成华店	150000	170000	▶ 113.3%	590000	620000	▶ 5.1%	1	2
双流店	100000	130000	▶ 130.0%	420000	370000	▶ -11.9%	2	1

图10-54

表格的边框、字体格式、填充效果都可以在"设置单元格格式"对话框中进行设置,如图10-55、图10-56所示。选中需要设置格式的单元格区域,按Ctrl+1组合键可打开该对话框。

图10-55

图10-56

10.5.2 组合图表

之前的操作已经将所有圆环图进行了组合,为了方便移动图表,还需要将所有图表组合为一个整体。

Step 01 将所有图表的边框设置为"无线条",调整好图表的大小和位置,如图10-57所示。

Step 02 打开"插入"选项卡,单击"形状"下拉按钮,从展开的列表中选择"矩形"选项,如图10-58所示。随后在工作表中绘制一个矩形,打开"绘图工具—格式"选项卡,单击"形状填充"下拉按钮,从展开的列表中选择"无填充";单击"形状轮廓"下拉按钮,在展开的颜色列表中选择"蓝色,个性色1"(与数据源的表格边框相同颜色);最后调整好矩形的大小,将其拖动到图表上方,使蓝色的框线作为图表的框线。

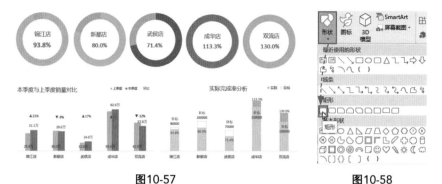

图10-57　　　　　　　　　　　　　　　　　图10-58

Step 03 选中矩形和所有图表。为了方便选择，可以打开"开始"选项卡，单击"查找和选择"下拉按钮，从列表中选择"选择对象"选项，开启选择对象模式，如图10-59所示。

Step 04 在工作表中直接拖动鼠标框选所有图表和矩形，这样便可轻松将所有图表和图形对象选中，如图10-60所示。随后右击任意选中的对象，选择"组合—组合"选项，将所有对象组合为一个整体。

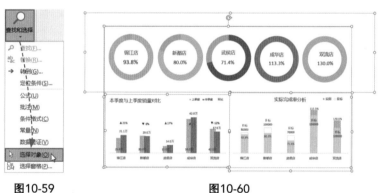

图10-59　　　　　　　　　　图10-60

Step 05 移动图表，将其放置于数据源下方，如图10-61所示。至此完成销售数据分析可视化看板的制作。

图10-61

拓展练习：制作上半年财务运营数据看板

本章主要介绍了如何利用数据源中的局部数据创建图表，并对图表进行编辑和组合，最终制作出可视化数据分析看板。下面将根据之前所掌握的知识制作上半年财务运营数据看板。

本例只讲解重要步骤，读者可根据前面学习过的内容尝试制作，以便检验知识的掌握程度。

Step 01 在工作表中录入数据源，如图10-62所示。随后选中B2:C8单元格区域创建"成交金额"簇状条形图，如图10-63所示。

图10-62

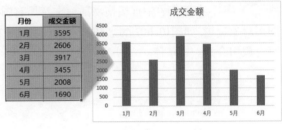

图10-63

Step 02 选中B2:B8和D2:D8单元格区域，创建"成交量"带数据标记的折线图，如图10-64所示。

Step 03 选中B2:B8和E2:E8单元格区域，创建"利润"圆环图，如图10-65所示。

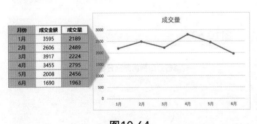

图10-64

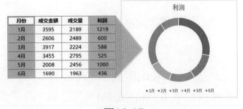

图10-65

Step 04 选中B2:B8和F2:F8单元格区域，创建"成本"条形图，如图10-66所示。

Step 05 选中B2:C9单元格区域，创建"上半年销售金额"饼图，如图10-67所示。

图10-66

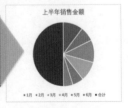

图10-67

Step 06 所有图表创建好后适当调整图表大小，参照图10-68所示进行摆放。

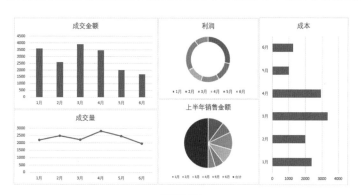

图10-68

Step 07 选中"成交金额"柱形图，双击柱形系列，打开"设置数据系列格式"窗格，在"填充与线条"选项卡中设置系列颜色为"橙色"；添加系列数据标签；选中垂直坐标轴，在"设置坐标轴格式"窗格中的"坐标轴选项"选项卡中设置"边界"最大值为"6000"，最小值为"2000"，效果如图10-69所示。

Step 08 单击图表区，打开"设置图表区格式"窗格，设置图表背景的填充色为自定义的"蓝-灰"色；将图标中所有文本的字体颜色全部设置成白色，效果如图10-70所示。

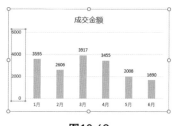

图10-69

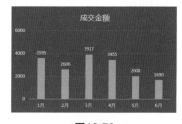

图10-70

Step 09 选中"成交量"折线图，单击网格线，按Delete键将其删除；为折线系列添加数据标签；双击垂直坐标轴，打开"设置坐标轴格式"窗格，在"坐标轴选项"选项卡中设置边界最大值为"4000"，最小值为"1000"，如图10-71所示。

Step 10 删除垂直坐标轴，随后选择折线系列，打开"设置数据系列格式"窗格，在"填充与线条"组中勾选"平滑线"复选框，将折线系列设置为平滑的曲线，随后在该窗格中更改线条以及标记点的颜色，效果如图10-72所示。

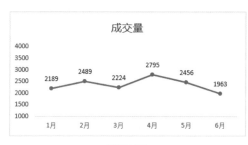

图10-71

图10-72

Step 11 将图表背景设置为"蓝-灰"色，把所有文本设置为白色，效果如图10-73所示。

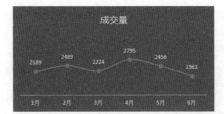

图10-73

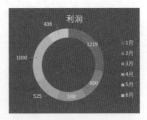

图10-74

Step 12 选中"利润"圆环图，更改图表的颜色为内置的"单色调色板4"，把圆环系列设置为金色渐变效果；为图表系列添加数据标签，设置图例的显示位置为"右"；为图表填充背景色；设置字体颜色为白色，效果如图10-74所示。

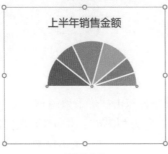

图10-75

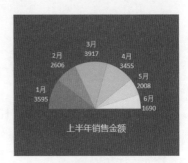

图10-76

Step 13 选中"上半年销售金额"饼图，删除图例；双击任意扇形，打开"设置数据系列格式"窗格，在"系列选项"选项卡中设置第一扇区起始角度为"270°"；两次单击图表中的半圆形系列，在"设置数据点格式"窗格中设置其填充效果为"无填充"，将半圆隐藏，如图10-75所示。

Step 14 分别选中半圆图表中的各个系列点，依次为各个扇形设置填充色，最终形成渐变的蓝色扇形；设置边框为"无线条"；为图表添加数据标签，打开"设置数据标签格式"窗格，在"标签选项"选项卡中勾选"系列名称"复选框，向数据标签中添加月份；

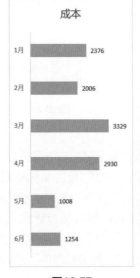

图10-77

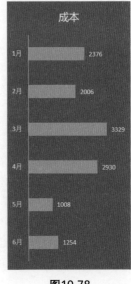

图10-78

将最下方半圆的数据标签单独删除；将图表标题拖动到半圆下方；设置图表背景填充色并将文本颜色设置成白色，效果如图10-76所示。

Step 15 选中"成本"条形图，设置系列颜色为蓝色，添加数据标签，如图10-77所示。

Step 16 设置图表背景填充色；图表中所有文本设置成白色，效果如图10-78所示。至此完成财务运营数据看板中所有图表的制作。

Step 17 在数据源右侧区域设置"成交金额""成交量""利润"以及"成本"四个合计

值，并适当设置数字格式，如图10-79所示。

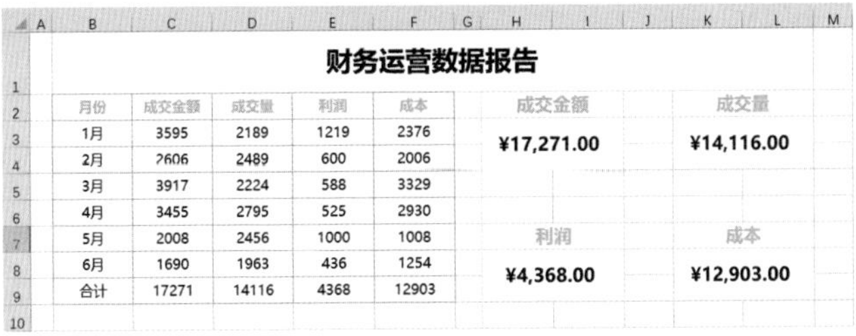

财务运营数据报告

月份	成交金额	成交量	利润	成本
1月	3595	2189	1219	2376
2月	2606	2489	600	2006
3月	3917	2224	588	3329
4月	3455	2795	525	2930
5月	2008	2456	1000	1008
6月	1690	1963	436	1254
合计	17271	14116	4368	12903

成交金额	成交量
¥17,271.00	¥14,116.00
利润	成本
¥4,368.00	¥12,903.00

图10-79

Step 18 为数据表设置填充色，将黑色的字体设置为白色，进一步美化财务运营数据看板中的数据源区域，如图10-80所示。

财务运营数据报告

月份	成交金额	成交量	利润	成本
1月	3595	2189	1219	2376
2月	2606	2489	600	2006
3月	3917	2224	588	3329
4月	3455	2795	525	2930
5月	2008	2456	1000	1008
6月	1690	1963	436	1254
合计	17271	14116	4368	12903

成交金额	成交量
¥17,271.00	¥14,116.00
利润	成本
¥4,368.00	¥12,903.00

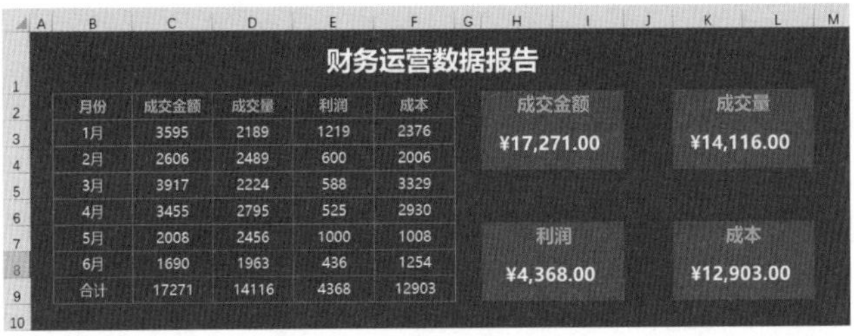

图10-80

Step 19 最后适当调整图表和数据源的位置，将所有图表组合为一个整体，以防某个图表的位置被移动，如图10-81所示。至此完成上半年财务运营数据看板的制作。

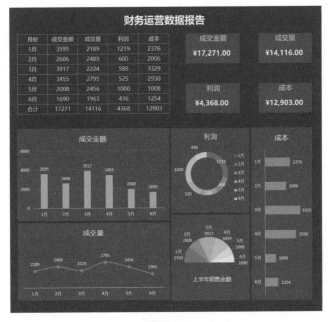

图10-81

知识总结：用思维导图学习数据分析

数据可视化看板的主要制作流程如下图所示，读者可参照此思维导图整理学习思路，回顾所学知识，提高学习效率。

可视化数据看板

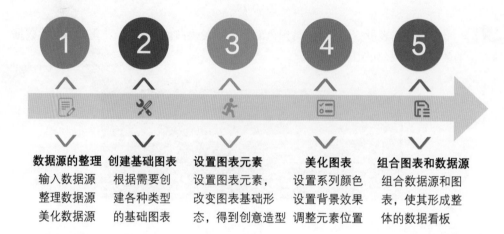

数据源的整理	创建基础图表	设置图表元素	美化图表	组合图表和数据源
输入数据源 整理数据源 美化数据源	根据需要创 建各种类型 的基础图表	设置图表元素， 改变图表基础形 态，得到创意造型	设置系列颜色 设置背景效果 调整元素位置	组合数据源和图 表，使其形成整 体的数据看板

附录

附录A | 完美输出数据报表的方法

在Excel中完成数据分析后，还可以将数据分析结果打印出来，以供其他场合使用。打印报表看似简单，其实有很多学问，要想完美输出数据分析结果，还需要掌握一些打印技巧。

A.1 打印数据报表和图表

根据打印要求的不同，需要进行相应的打印设置，例如设置黑白打印、一次打印多份、只打印指定区域、跨页表格每一页都打印标题、缩放打印等。下面将对这些常见的打印设置进行介绍。

A.1.1 设置黑白打印

在彩色打印机上打印报表时，为了节约资源可以设置黑白打印。具体操作方法如下。

Step 01 打开"页面布局"选项卡，单击"页面设置"组内右下角的对话框启动器按钮，如图A-1所示。

Step 02 弹出"页面设置"对话框，切换到"工作表"界面，勾选"单色打印"复选框，即可将打印效果设置为黑白，如图A-2所示。

图A-1

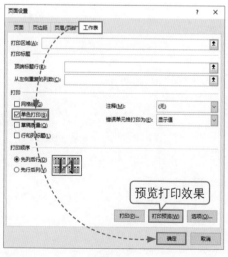

图A-2

Step 03 为了确保打印效果，可以先预览再打印。在上一步"页面设置"对话框中单击"打印预览"按钮进入"打印"页面，即可预览打印效果，如图A-3所示。

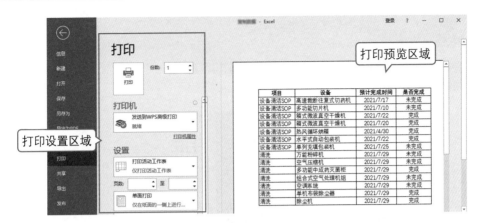

图A-3

📖 知识点拨

进入打印预览界面的方法不止一种，用户也可以在功能区中单击"文件"按钮，进入到文件菜单，然后选择"打印"选项，进入打印界面。

A.1.2 打印网格线

默认情况下网格线不会被打印。若数据表没有设置边框，打印出的数据行列不分明，这时可以在"页面设置"对话框中勾选"网格线"复选框，将网格线打印出来，如图A-4所示。

图A-4

A.1.3 设置打印份数

单击"文件"按钮,进入文件菜单,选择"打印"选项,在打印设置区域中输入需要打印的份数即可,如图A-5所示。

图A-5

A.1.4 从指定位置分页打印

若要从指定位置分页打印,需要在该位置插入"分页符"。例如从销售报表的"2021/2/1"开始分页打印,下面介绍具体操作方法。

Step 01 选中该日期所在行中的任意一个单元格,打开"页面布局"选项卡,在"页面设置"组中单击"分隔符"下拉按钮,选择"插入分页符"选项,如图A-6所示。

Step 02 进入打印预览界面,可以查看到报表已经从指定位置开始分页,如图A-7所示。

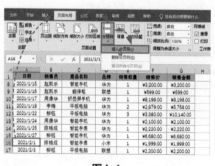

图A-6

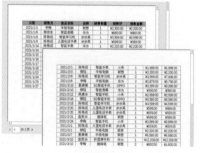

图A-7

注意事项 若要取消分页打印,只需再次单击"分隔符"下拉按钮,选择"删除分页符"选项即可。

A.1.5　控制图表的打印

若工作表中包含图表,打印时图表默认会一同被打印。如果只想打印数据表,不想打印图表,可以设置不打印对象。

（1）设置指定的某一个图表不被打印

双击图表区,打开"设置图表区格式"窗格,切换到"大小与属性"选项卡,取消勾选"打印对象"复选框,即可控制当前图表不被打印,如图A-8所示。

图A-8

（2）设置所有图表都不被打印

要想让所有图表都不被打印,首先要将所有图表选中,然后再取消"打印对象"复选框的勾选。当工作表中的图表数量较多时,可以在"选择"窗格中选中所有图表。

Step 01　打开"开始"选项卡,在"编辑"组中单击"查找和选择"下拉按钮,选择"选择窗格"选项,如图A-9所示。

Step 02　Excel窗口右侧随即打开"选择"窗格,先选中其中一个图表,随后按Ctrl+A组合键将所有图表选中,如图A-10所示。

Step 03　在任意一个图表上方右击,从右键菜单中选择"设置对象格式"选项,如图A-11所示。打开"设置形状格式"窗格,在"大小与属性"选项卡中取消"打印对象"复选框的勾选即可,如图A-12所示。

图A-9

图A-10

图A-11

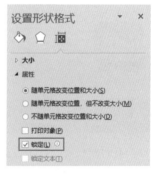

图A-12

（3）只打印图表

打印时也可只打印图表,不打印数据报表。只要选中需要打印的图表,执行打印操作即可只打印所选图表。当选中两个或两个以上图表时,工作表中的所有图表都会被打印。

注意事项　打印图表时,需要注意"打印对象"复选框要呈被勾选状态。

A.1.6 重复打印标题行

当数据表的行数较多时，跨页的部分将无法显示标题，这样会影响对数据属性的判断。此时用户可以设置重复打印标题行。

Step 01 打开"页面布局"选项卡，在"页面设置"组中单击"打印标题"按钮，打开"页面设置"对话框，在"顶端标题行"文本框中引用数据表的标题行，如图A-13所示。

Step 02 进入打印预览界面，可以查看到除了第一页之外，跨页打印的数据也显示了标题，如图A-14所示。

图A-13 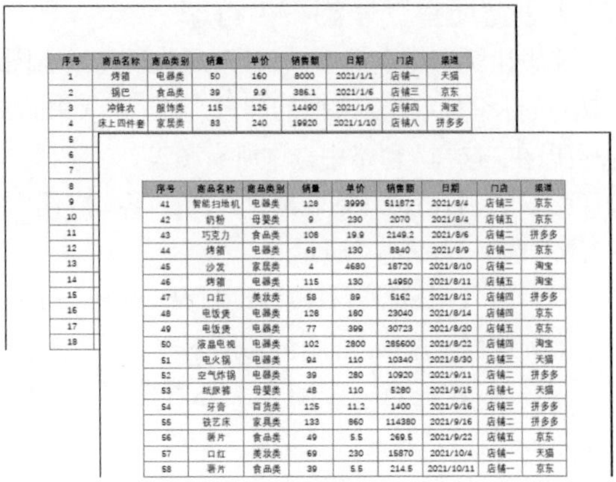　　　　　　　　　　　　　　　　　　　图A-14

注意事项　重复打印标题行的操作同样适用于数据透视表标题行的重复打印。

A.1.7 打印指定区域

有时候只需要打印数据表中指定区域的内容，此时可以将该区域设置为打印区域。

Step 01 选中需要打印的区域，打开"页面布局"选项卡，在"页面设置"组中单击"打印区域"下拉按钮，选择"设置打印区域"选项，如图A-15所示。

Step 02 进入打印预览界面，可以预览打印效果，所选区域会自动打印标题，

图A-15

如图A-16所示。

📖 **知识点拨**

设置了一个打印区域后还可继续添加打印区域。选中要添加的区域后，再次单击"打印区域"按钮，选择"添加到打印区域"选项即可添加打印区域，如图A-17所示。若要取消对区域的打印，可在"打印区域"下拉列表中选择"取消打印区域"选项。

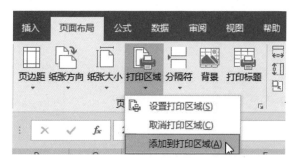

图A-16   图A-17

A.1.8 设置打印范围

工作簿中如果包含了多张工作表，可以在文件菜单中的"打印"界面设置打印范围。

在"设置"组中单击"打印活动工作表"下拉按钮，在展开的列表中可设置"打印活动工作表""打印整个工作簿"或"打印选定区域"，如图A-18所示。

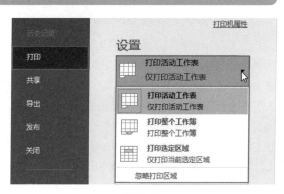

图A-18

A.1.9 缩放打印

如果数据表中多出了几行在一页中打印不下，可以使用缩放打印将所有内容缩放到一页中。

在文件菜单中的"打印"界面内，单击"无缩放"下拉按钮，通过从下拉列表中选择"将工作表调整为一页""将所有列调整为一页"或"将所有行调整为一页"选项即可实现相应缩放，如图A-19所示。

若选择"自定义缩放选项"选项,可打开"页面设置"对话框,输入"缩放比例"的值可自定义数据表的缩放比例,如图A-20所示。

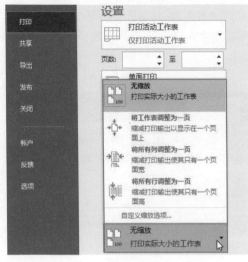

图A-19 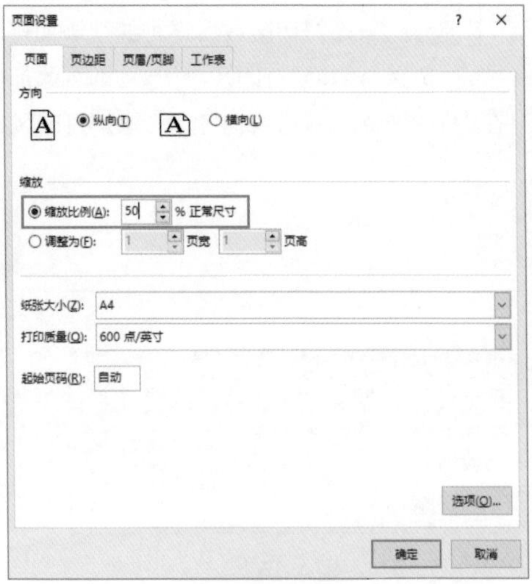　　　　　　　　　　　　　　　　　　图A-20

A.1.10　一张纸上打印一列超长内容

一列超长内容如果直接打印,会造成纸张的浪费,此时可以将这些内容设置为在一页中显示然后再打印。例如,数据表A列中包含180个姓名,现在要用30行×6列的矩阵显示这些姓名。下面将介绍具体操作方法。

Step 01　依次在B1、C1、D1、E1、F1、G1单元格中输入公式"=A1""=A31""=61""=91""=A121""=A151",如图A-21所示。

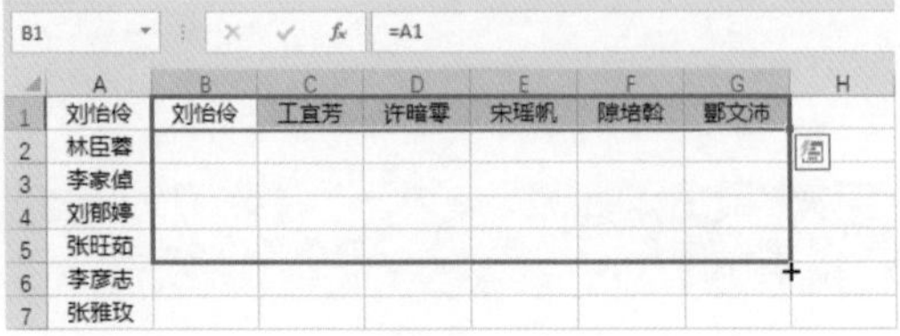

图A-21

Step 02　选中B1:G1单元格区域,向下拖动填充柄,拖动至第30行,如图A-22所示。

图A-22

Step 03　松开鼠标后,A列中的180个姓名随即显示到了B:G列,如图A-23所示。

Step 04　保持所选区域,按Ctrl+C组合键进行复制,随后在所选区域上方右击,在弹出的菜单中选择"值"粘贴方式,去除公式,如图A-24所示。最后删除A列中的数据即可。

图A-23

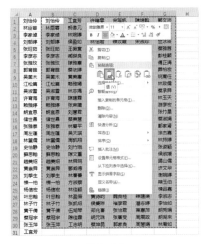

图A-24

为打印区域设置背景

为报表设置背景后，默认情况下背景不被打印。若要打印背景可将要打印的区域设置为图片再执行打印，操作方法如下。

Step 01 打开"页面布局"选项卡，在"页面设置"组内单击"背景"按钮，如图A-25所示。

Step 02 打开"插入图片"对话框，单击"从文件"右侧的"浏览"按钮，如图A-26所示。在弹出的对话框中选择要作为背景使用的图片。

图A-25

图A-26

此时数据表虽然被添加了背景，但是背景不被打印。下面将数据表复制为图片再打印。

Step 03 选中要打印的区域，按Ctrl+C组合键复制，随后在原区域上方右击，选择"图片"粘贴方式，如图A-27所示。

Step 04 打开打印预览界面,可查看带背景的数据表打印效果,如图A-28所示。

图A-27

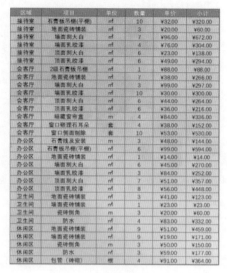

图A-28

A.2 设置打印页面

打印时对页面的设置也十分重要,例如选择纸张的大小、设置纸张方向、调整页边距、设置居中打印等。

A.2.1 设置纸张大小

在"页面布局"选项卡中的"页面设置"组内单击"纸张大小"下拉按钮,在展开的列表中可选择需要的纸张大小,如图A-29所示。

若单击列表最底部的"其他纸张大小"选项,可打开"页面设置"对话框,在"页面"选项卡中的"纸张大小"下拉列表中还可选择更多纸张大小,如图A-30所示。

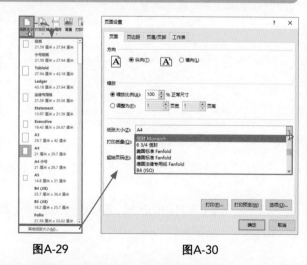

图A-29

图A-30

A.2.2　设置横向打印

列数较多的数据表可以设置成横向打印，在"页面布局"选项卡中的"页面设置"组内单击"纸张方向"下拉按钮，从展开的列表中选择"横向"选项即可，如图A-31所示。

图A-31

> **📖 知识点拨**
>
> 在"纸张方向"下拉列表中选择"纵向"选项，可将打印方向更改回默认的"纵向"。

A.2.3　调整页边距

调整页边距有多种方法，可手动调整页边距线，也可精确设置页边距值。

在打印预览界面的右下角单击"显示边距"按钮，预览区域中随即会出现6根灰色的线条，这些线条即页边距线和页眉、页脚线，将光标移动到线条上方，按住鼠标左键拖动可调整页边距和页眉、页脚，如图A-32所示。

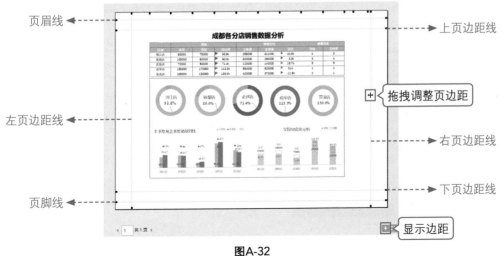

图A-32

打开"页面设置"对话框，在"页边距"选项卡中输入上、下、左、右值可精确调整页边距，如图A-33所示。

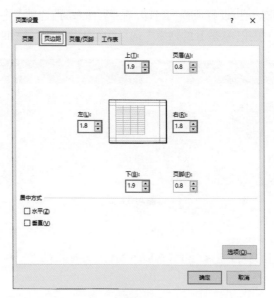

图A-33

A.2.4 设置居中打印

当数据表中的内容没有完全占满整个打印页面时，默认是靠页面左上角对齐，如图A-34所示。为了让打印效果更完美，可以设置居中打印。

在"页面布局"选项卡中的"页面设置"组内单击"对话框启动器"按钮，打开"页面设置"对话框。切换到"页边距"选项卡，勾选"水平"和"垂直"复选框，如图A-35所示。

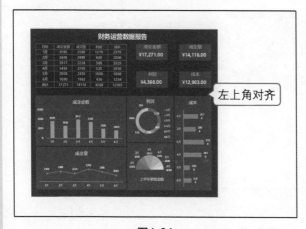

图A-34

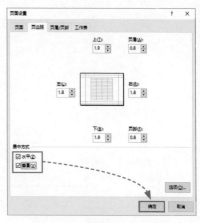

图A-35

页面中的内容随即在水平和垂直方向上居中对齐,效果如图A-36所示。

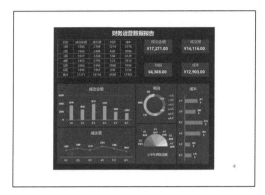

图A-36

A.3 添加打印信息

打印时可添加各类附加信息,例如添加打印时间、打印公司logo、打印文件名称等。

A.3.1 添加打印日期和时间

为了区分文件打印的时间,可以设置在页眉或页脚中显示打印的日期和时间。具体操作方法如下。

Step 01 在"页面布局"选项卡中的"页面设置"组内单击对话框启动器按钮,打开"页面设置"对话框。切换到"页眉/页脚"选项卡,单击"自定义页眉"按钮,如图A-37所示。

Step 02 弹出"页眉"对话框,将光标定位在想要显示日期和时间的位置,此处将光标定位在"左"文本框中,依次单击"插入日期"和"插入时间"按钮,将代码输入到光标所在文本框中,最后单击"确定"按钮,如图A-38所示。

图A-37

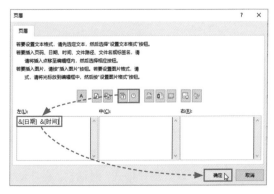

图A-38

Step 03 在打印预览区域中可查看添加日期和时间的效果，该日期和时间会自动刷新，如图A-39所示。

项目	设备	预计完成时间	是否完成
设备清洁SOP	高速裁断往复式切药机	2021/7/17	未完成
设备清洁SOP	多功能切片机	2021/7/10	未完成
设备清洁SOP	箱式微波真空干燥机	2021/7/22	完成
设备清洁SOP	箱式微波真空干燥机	2021/7/20	完成
设备清洁SOP	热风循环烘箱	2021/4/30	完成

2021/12/4 16:10

图A-39

A.3.2 打印 logo

有些文件需要在打印时添加公司的logo，打印logo也有多种方法，用户可将logo图片插入到工作表中，调整好位置进行打印，也可在页眉或页脚中插入logo图片。下面介绍如何在页眉中插入logo图片。

Step 01 打开"页面设置"对话框，在"页眉/页脚"选项卡中单击"自定义页眉"按钮，打开"页眉"对话框(参照A.3.1的Step01)。将光标定位在"右"文本框中，单击"插入图片"按钮，如图A-40所示。

Step 02 弹出"插入图片"对话框，单击"从文件"右侧的"浏览"按钮，在随后弹出的对话框中选择logo图片，如图A-41所示。

图A-40 　　　　　　　　　　　　　　　　图A-41

Step 03 插入图片后，在"页眉"对话框中单击"设置图片格式"按钮，如图A-42所示。

Step 04 打开"设置图片格式"对话框。在"大小"选项卡中调整图片的"高度"和"宽度"值，最后单击"确定"按钮，完成添加logo的操作，如图A-43所示。

图A-42　　　　　　　　　　　　　　　　　　图A-43

 注意事项　由于默认情况下图片锁定了纵横比，所以调整图片尺寸时只需要输入高度或宽度的其中一个值，另一个值会自动发生变化。

A.3.3　添加预定义的页眉页脚

　　当需要向页眉中输入指定的内容时，可打开"页面设置"对话框，在"页眉/页脚"选项卡中单击"自定义页眉"按钮，在打开的"页眉"对话框中选择一个区域，直接输入需要的内容即可。选中输入的内容，单击"格式文本"按钮，打开"字体"对话框，还可对文本格式进行设置，如图A-44所示。

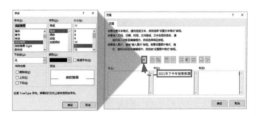

图A-44

📖 知识点拨

　　除了向页眉或页脚中添加上述内容，还可通过"页眉"或"页脚"对话框中的其他命令按钮，添加页码、页数、文件路径、文件名等，其操作方法基本相同，如图A-45所示。

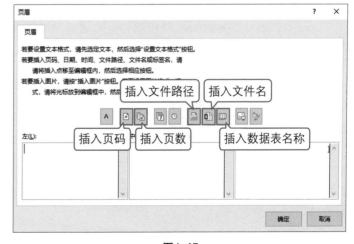

图A-45

A.3.4　设置奇偶页不同的页眉页脚

　　在"页面设置"对话框中的"页眉/页脚"选项卡中勾选"奇偶页不同"复选框，随后单击"自定义页眉"或"自定义页脚"按钮，如图A-46所示。在随后弹出的对话框中分别设置"奇数页页眉（页脚）"和"偶数页页眉（页脚）"，可设置奇偶页不同的页眉页脚，如图A-47所示。

图A-46　　　　　　　　　　　　　　　　　　　　图A-47

A.4　导出数据分析结果

　　数据分析结束后可将数据导出，在其他场合使用。例如将数据导出成模板、导出成PDF文件、另存为网页格式等。

A.4.1　将报表导出成电子表格模板

　　Excel数据表可另存为模板。打开文件菜单，进入"另存为"界面，单击"浏览"选项，如图A-48所示。弹出"另存为"对话框，选择好文件保存位置，设置好文件名称，单击"保存类型"下拉按钮，选择"Excel模板"，最后单击"保存"按钮，即可将当前数据表保存为模板，如图A-49所示。

图A-48　　　　　　　　　　　　　　　　　　　　图A-49

图A-50

通过另存为的方式还可将Excel文件导出成其他格式的
文件,例如"网页""XPS文档"等,如图A-50所示。

A.4.2 将报表导出成 PDF 文件

PDF格式的文件是目前十分常见的一种文件格式,Excel报表也可导出成PDF格式的文件。下面介绍具体操作方法。

Step 01 打开文件菜单,打开"导出"界面,单击"创建PDF/XPS"按钮,如图A-51所示。

Step 02 打开"发布为PDF或XPS"对话框,设置好文件保存位置和文件名,保持保存类型为"PDF",单击"发布"按钮,如图A-52所示,即可将Excel文件导出成PDF格式。

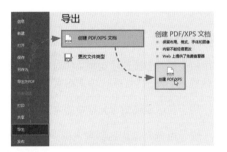

图A-51

图A-52

A.4.3 以邮件形式发送数据报表

在文件菜单中的"共享"界面中可以将数据报表以指定的格式作为电子邮件进行发送,如图A-53所示。

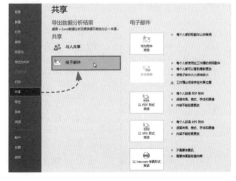

图A-53

附录B｜不可不知的Excel操作术语

序号	术语	具体说明
01	工作簿	Excel文件被称为工作簿，一个Excel文件就是一个工作簿
02	工作表	工作表是工作簿中所包含的表。一个工作簿中可以包含多张工作表
03	工作表标签	即工作表的名称，默认名称为Sheet1、Sheet2、Sheet3……每个工作表标签名称都可以单独修改，用于区分工作表中所包含的内容
04	活动工作表	当前打开的或正在操作的工作表
05	功能区	位于工作簿顶部，用于盛放命令按钮、显示工作簿名称等
06	选项卡	包含在功能区中，将命令按钮按照功能分类存放的标签选项，例如"开始"选项卡、"插入"选项卡、"页面布局"选项卡、"公式"选项卡等
07	选项组	包含在选项卡中，各种命令按钮按照功能进行分组，方便查找和调用。例如"开始"选项卡中包含"剪贴板"组、"字体"组、"对齐方式"组等
08	命令按钮	用于执行某项固定操作的按钮
09	对话框启动器	位于选项组的右下角，用于打开与该选项组相关的对话框。例如通过"图表"组右下角的对话框启动器按钮打开"插入图表"对话框
10	编辑栏	在工作表区域的上方，用于显示或编辑单元格中的内容
11	名称框	在编辑栏的左侧，用于显示所选对象的名称或定位指定对象
12	右键菜单	右击某个选项时弹出的快捷列表，其中包含可对当前选项执行操作的各种命令
13	行号	工作表左侧的数字，一个数字对应一行
14	列标	工作表上方的字母，一个字母对应一列
15	格式刷	用于将相同格式（如颜色、字体样式和大小等）快速应用到多个文本或图形。简单地讲，就是格式的复制和粘贴
16	单元格	工作表中的灰色小格子，一个小格子就是一个单元格
17	单元格名称	每个单元格都有一个专属名称。这个名称由单元格所在位置的列标和行号组成，列标在前、行号在后
18	单元格区域	多个连续的单元格组成的区域叫单元格区域。单元格区域的名称由这个区域的起始单元格和末尾单元格的名称在中间加一个"："符号组成

续表

序号	术语	具体说明
19	活动单元格	当前选中的或正在编辑的单元格
20	填充	将目标单元格的格式或内容批量复制到其他单元格中
21	填充柄	选择单元格或单元格区域后,把光标放在单元格右下角时出现的黑色十字标志
22	数组	指一组数据。数组元素可以是数值、文本、日期、逻辑值、错误值等
23	常量	表示不会变化的值,常量可以是指定的数字、文本、日期等
24	引用	引用的作用在于指明公式中所使用的数据的位置。通过引用,可以在公式中使用工作表不同位置的数据,或者在多个公式中使用同一单元格的数值,还可以引用同一工作簿不同工作表的单元格,等等
25	定义名称	对单元格、单元格区域、公式等可以定义名称。在公式中使用名称可以简化公式,在工作表中使用名称可以快速定位名称所对应的对象
26	数据分析	用适当的统计分析方法对收集来的大量数据进行分析,将它们加以汇总和理解并消化,提取有用信息并形成结论,对数据加以详细研究和概括总结,以求最大化地开发数据的功能,发挥数据的作用
27	公式	Excel公式是对Excel工作表中的值进行计算的等式
28	函数	系统预先编制好的用于数值计算和数据处理的公式,使用函数可以简化或缩短工作表中的公式,使数据处理简单方便。函数由函数名、括号、参数、分隔符组成
29	排序	指将杂乱无章的数据元素,通过一定的方法按关键字顺序排列的过程;其目的是将一组"无序"的记录序列调整为"有序"的记录序列
30	筛选	数据筛选即对现有数据按照条件进行过滤,常用的数据筛选方法有自定义筛选、高级筛选
31	条件格式	使用该功能可以直观地查看和分析数据、发现关键问题以及识别模式和趋势
32	数据验证	使用数据验证来限制数据类型或用户输入单元格的值,"创建下拉列表"就是最常见用法之一
33	分列	使用该功能可以将一个或多个单元格中的文本合理有序地拆分为多个
34	Power Pivot	利用 Power Pivot可以汇总各种来源的大量数据,并快速进行数据分析

序号	术语	具体说明
35	数据透视表	一种交互式的表,可以动态地改变版面布置,以便按照不同方式分析数据,也可以重新安排行号、列标和页字段。每一次改变版面布置时,数据透视表会立即按照新的布置重新计算数据
36	数据源	用于生成数据透视表时的数据区域,可以将其理解为用作数据分析时的原始数据
37	数据透视图	数据透视表的图形化处理,也可以理解为,以图形的方式汇总数据并浏览复杂数据
38	字段	数据源中的每一列代表一个字段,每一列的标题即字段名称
39	切片器	在数据透视表中执行筛选的工具
40	日程表	筛选数据透视表时间字段的工具
41	图表	Excel中图表是指将工作表中的数据用图形表示出来。图表可以使数据更加有趣、吸引人、易于阅读和评价。它们也可以帮助我们分析和比较数据
42	图表元素	即图表上的构成部件,例如图例、坐标轴、数据系列、图表标题、绘图区、图表区等
43	图表区	用于存放图表所有元素以及其他添加到图表当中内容的区域,是图表展示的"容器"
44	图表标题	图表核心观点的载体,用于描述图表的内容或作者的结论
45	绘图区	在图表区内部,仅包含数据系列图形和网格线,可以像图表区一样调整大小
46	数据系列	图表中必不可少的元素,根据数据源中数值的大小生成的各类图形,用来形象化、可视化地反映数据
47	数据标签	针对数据系列内容、数值或名称等进行标识
48	网格线	用于各坐标轴的刻度标识,作为数据系列查阅的参照对象
49	坐标轴	根据坐标轴的方向分为横坐标轴和纵坐标轴,也可称为X轴/Y轴。X轴包含分类,Y轴包含数据
50	图例	用于标识图表中各系列格式的图形(颜色、形状、标记点),代表图表中具体的数据系列